Länderabkürzungen

BEL.	Belgien
BOS. U. HERZ.	Bosnien und Herzegowina
GB	Großbritannien (Vereinigtes Königreich)
KOS.	Kosovo (umstritten)
LIECH.	Liechtenstein
LUX.	Luxemburg
MON.	Montenegro
NL	Niederlande
N-MAZ.	Nordmazedonien
SLWN.	Slowenien
SM	San Marino
TSCH. REP.	Tschechische Republik
USA	Vereinigte Staaten von Amerika
VAE	Vereinigte Arabische Emirate
VAT-ST.	Vatikanstadt

WAS PASSIERT MIT UNSEREM KLIMA?

WAS PASSIERT MIT UNSEREM KLIMA?

So hast du den Klimawandel
und seine Folgen noch nie gesehen

DK

Text Dan Hooke
Fachliche Beratung Prof. Frans Berkhout, Prof. Kirstin Dow

Lektorat Sam Kennedy, Georgina Palffy, Jenny Sich, Anna Streiffert-Limerick, Selina Wood, Kelsie Besaw, Francesca Baines

Gestaltung und Bildredaktion Rachael Grady, Kit Lane, Mik Gates, Lynne Moulding, Greg McCarthy, Philip Letsu, Sophia MTT, Geetika Bhandari, Surya Sarangi

Herstellung Robert Dunn, Jude Crozier

Kartografie Simon Mumford
Illustrationen Jon @ KJA Artists, Adam Benton

Für die deutsche Ausgabe:
Programmleitung Monika Schlitzer
Redaktionsleitung Martina Glöde
Projektbetreuung Dörte Eppelin
Herstellungsleitung Dorothee Whittaker
Herstellungskoordination Bettina Bähnsch
Herstellung Stefanie Staat

Titel der englischen Originalausgabe:
Climate emergency atlas

Übersetzung Stephan Matthiesen
Lektorat Hans Kaiser

ISBN 978-3-8310-4128-2

Druck und Bindung Livonia, Lettland

www.dk-verlag.de

Messung von Treibhausgasen
Die einzelnen Treibhausgase (THGs) erwärmen die Erde verschieden stark, ihr „Treibhauspotenzial" ist unterschiedlich. In diesem Buch gibt „Tonnen THGs" die Wirkung dieser Gase an, umgerechnet in eine entsprechende Menge CO_2 („CO_2-Äquivalent").

Coronavirus 2020
Dieses Buch wurde 2020 während des Corona-Ausbruchs produziert. Alle Informationen wurden zum Zeitpunkt der Drucklegung sorgfältig geprüft, aber es ist noch zu früh, um zu wissen, wie die Pandemie die zukünftige Klimapolitik beeinflussen wird.

INHALT

Wie steht es um das Erdklima?

Ursachen des Klimawandels

Hitzewellen

Folgen des Klimawandels

Maßnahmen zum Klimaschutz

Buschfeuer

Dürren

Vorwort

Ich war fünf Jahre alt und noch im Kindergarten in Karlsruhe, als ein erster offizieller Expertenbericht eindringlich vor der kommenden globalen Erwärmung warnte. Und vor deren schädlichen Folgen für uns Menschen. Das war 1965.

Mit 28 arbeitete ich an meiner Doktorarbeit in der Meeresforschung in Neuseeland. Damals sagte der berühmte NASA-Klimaforscher Jim Hansen vor dem US-amerikanischen Senat: Die lange vorhergesagte Erderwärmung ist jetzt in den Messdaten zu sehen. Das erschien auf der Titelseite der *New York Times*.

Zwei Jahre später erschien der erste Bericht des Weltklimarats IPCC – spätestens ab diesem Zeitpunkt musste die Menschheit wissen, was sie tut.

Doch seither hat sie noch einmal so viel CO_2 in die Luft geblasen wie in der gesamten Geschichte vor 1990. Wir haben jetzt mehr CO_2 in der Atmosphäre als jemals seit drei Millionen Jahren. Unser Heimatplanet ist dadurch schon ein Grad wärmer

geworden, mit all den Folgen von steigendem Meeresspiegel bis zu krasseren Wetterextremen.

Wie wird unsere Erde aussehen, wenn ihr die Schule abschließt? Wenn ihr in eure erste eigene Wohnung einzieht, das erste Kind bekommt?

Das hängt auch von euch ab! Seit 30 Jahren bin ich Klimaforscher, und in all den Jahren haben unsere Forschungen und Berichte die Politik nicht wachrütteln können. Bis Millionen junge Menschen für Klimaschutz zu streiken begannen. Seither wachen viele Eltern, Politiker und Wirtschaftsführer auf. Sie beginnen die Fakten zu verstehen, die in diesem Buch erklärt werden, und ihr könnt ihnen dabei helfen. Es bewegt sich etwas in Deutschland und der Welt!

Noch ist es nicht genug, und ein langer steiniger Weg liegt vor uns allen, bis wir die Klimakrise wirklich in den Griff bekommen. Aber mit der Schülerbewegung ist neue Hoffnung erwacht.

Prof. Stefan Rahmstorf, September 2020

Wie steht es um das Erdklima?

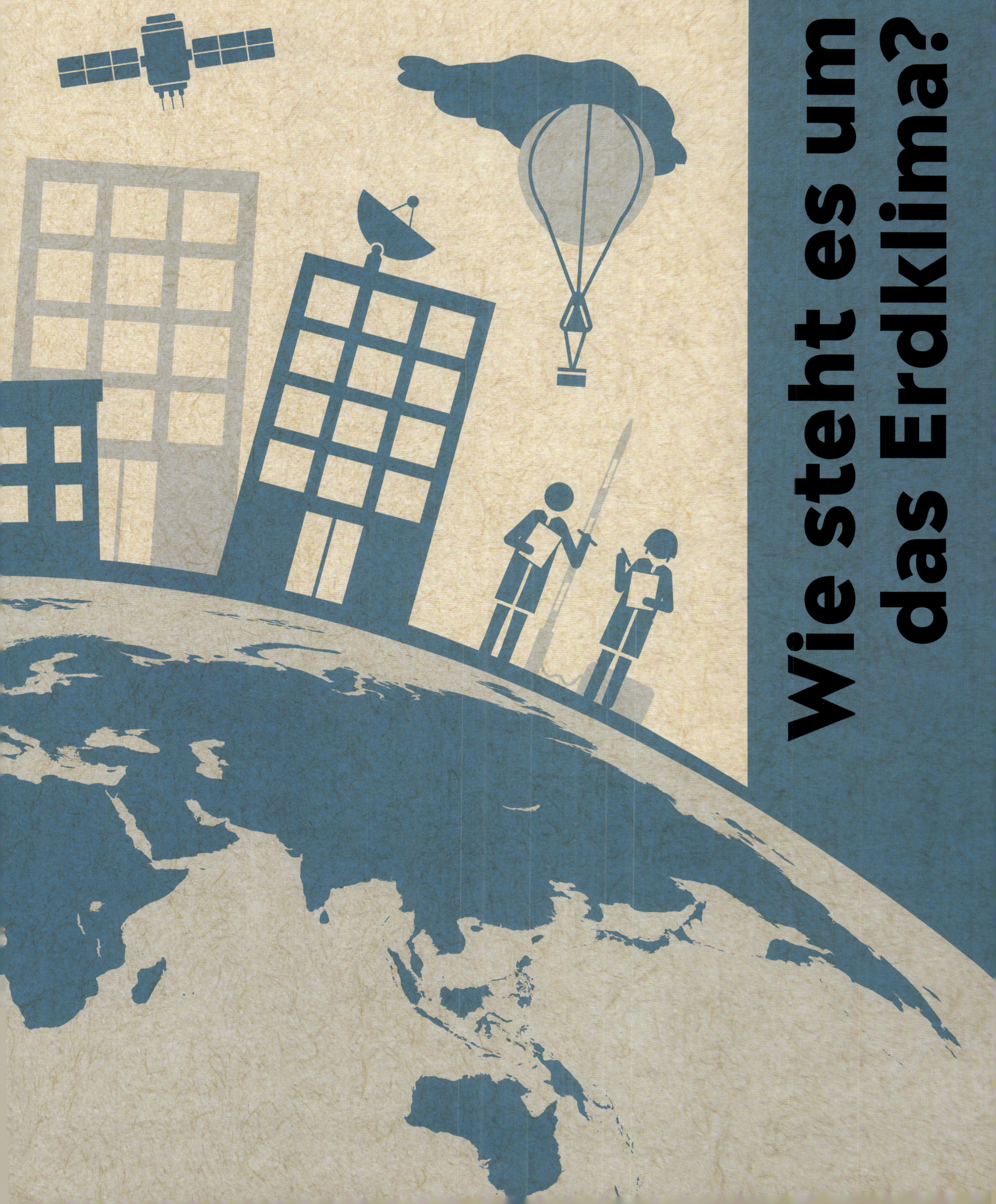

Woher kommt der **Klimanotstand?**

Weltweit erzeugen menschliche Aktivitäten Treibhausgase. Sie heißen so, weil sie Wärme auf der Erde zurückhalten. Dies führt zur Erderwärmung, die das Klima verändert und das Leben auf unserem Planeten beeinflusst. Um den Temperaturanstieg und seine dramatischen Folgen zu begrenzen, müssen wir jetzt handeln.

Menschliche Aktivitäten

Menschliche Aktivitäten – etwa die Verbrennung fossiler Brennstoffe, die Entwaldung und die Rinderhaltung – produzieren Treibhausgase.

Treibhauseffekt

Treibhausgase sammeln sich in der Atmosphäre an und halten immer mehr Wärme zurück.

Wetter oder Klima?

Als Wetter bezeichnet man die kurzzeitigen Verhältnisse, die sich von Tag zu Tag ändern – etwa ob es gerade sonnig oder regnerisch ist. Das Klima ist das typische oder durchschnittliche Wetter einer Region über einen langen Zeitraum, meist wählt man dafür 30 Jahre. Die Kleidung, die du morgens anziehst, entspricht dem Wetter, aber die Sammlung aller Anziehsachen in deinem Kleiderschrank hängt vom Klima ab.

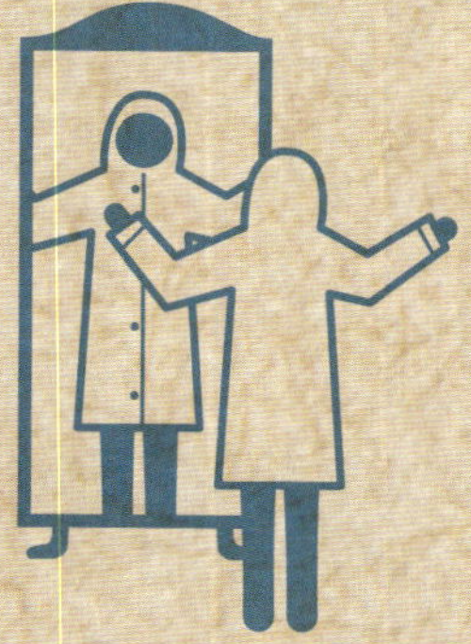

Wetter

Klima

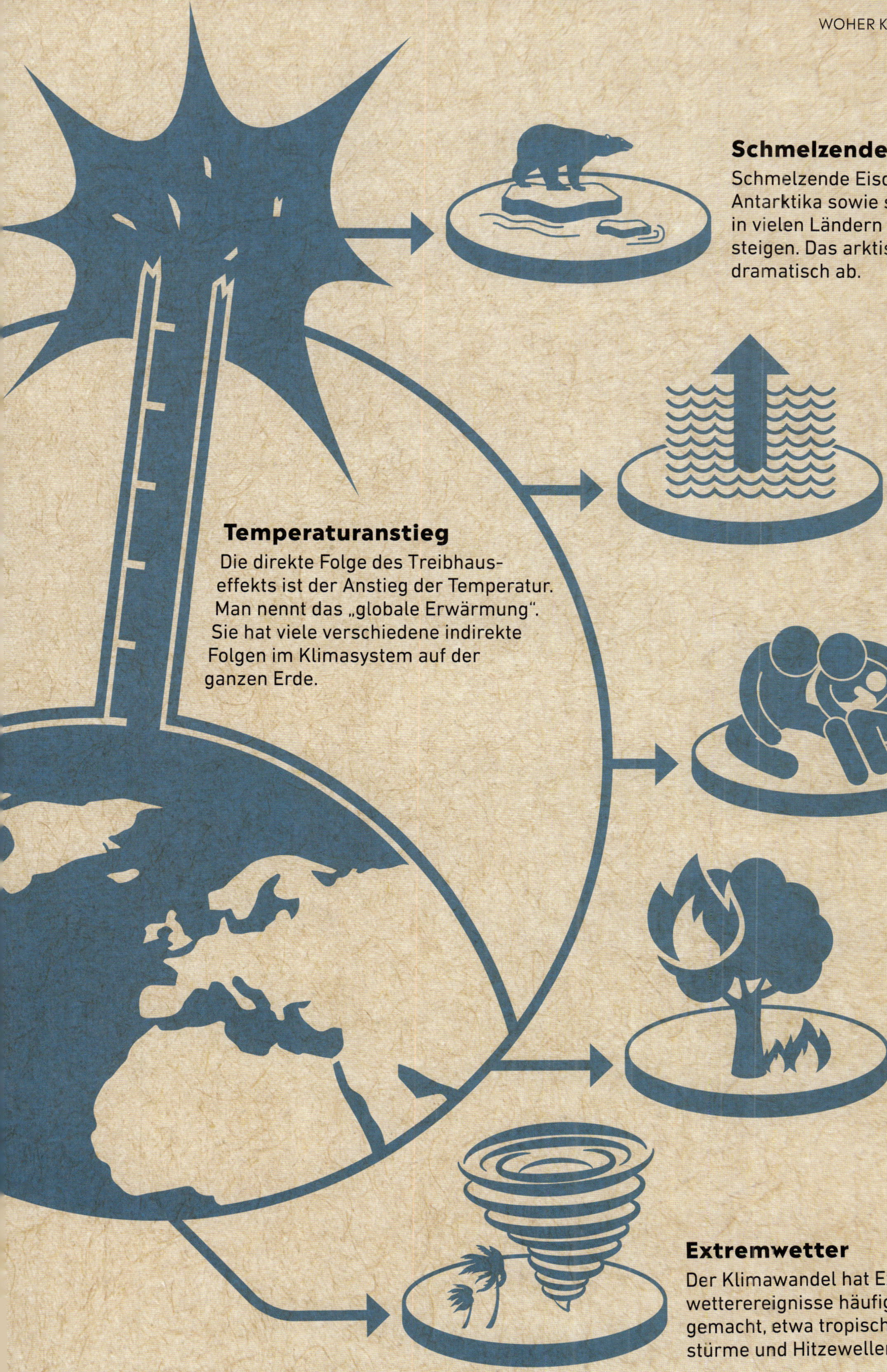

Schmelzendes Eis

Schmelzende Eisdecken n Grönland und Antarktika sowie schrumpfende Gletscher in vielen Ländern lassen den Meeresspiegel steigen. Das arktische Meereis nimmt dramatisch ab.

Schäden im Meer

Das Wasser wird wärmer und steigt. Das bedroht Küstengemeinschaften und das Meeresleben.

Temperaturanstieg

Die direkte Folge des Treibhauseffekts ist der Anstieg der Temperatur. Man nennt das „globale Erwärmung". Sie hat viele verschiedene indirekte Folgen im Klimasystem auf der ganzen Erde.

Gefahren für Menschen

Häuser und Menschenleben sind durch den Meeresspiegelanstieg, Dürren und Waldbrände gefährdet.

Habitatverlust

Lebensräume von Tieren verändern sich und werden durch Klimaveränderungen zerstört, sodass bereits viele Arten ausgestorben sind. Weitere werden in Zukunft aussterben.

Extremwetter

Der Klimawandel hat Extremwetterereignisse häufiger gemacht, etwa tropische Wirbelstürme und Hitzewellen.

Globales Treibhaus

Wenn die Sonnenstrahlung die Erde erreicht, wird ein kleiner Teil dieser Energie ins Weltall reflektiert. Doch der größte Teil dringt durch die Atmosphäre zum Boden und erwärmt ihn. Die Erde gibt dann Wärmestrahlung ab. Treibhausgase in der Luft absorbieren die Wärmestrahlung und halten so die Erde warm.

Warum heißt es Treibhauseffekt?

Das Glas eines Treibhauses lässt Sonnenstrahlung eindringen, die vom Boden absorbiert wird und ihn so erwärmt. Das Glas fängt einen Teil der Wärme ein – ähnlich wie die Atmosphäre die von der Erde abgegebene Wärmestrahlung zurückhält.

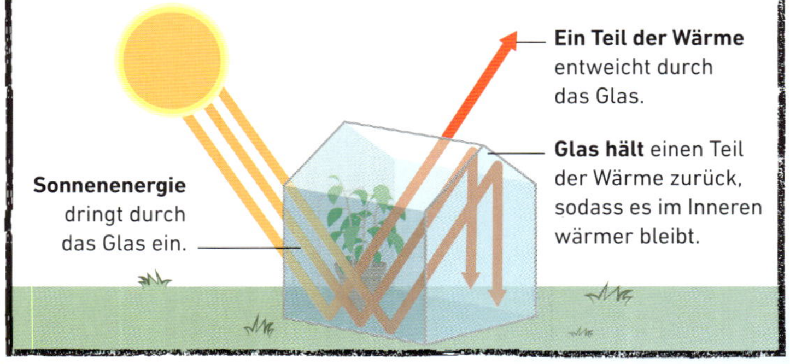

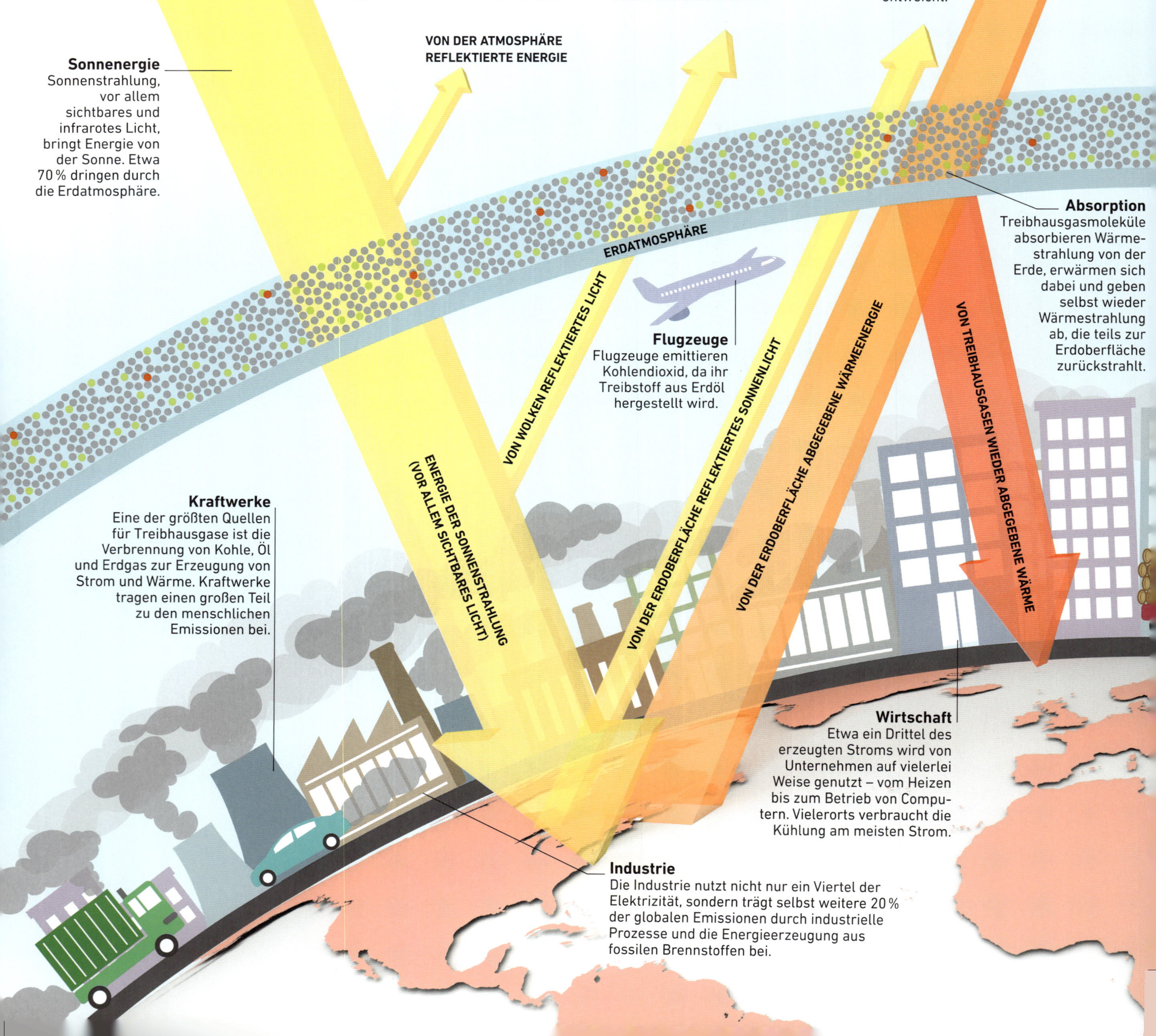

Sonnenenergie
Sonnenstrahlung, vor allem sichtbares und infrarotes Licht, bringt Energie von der Sonne. Etwa 70 % dringen durch die Erdatmosphäre.

Abgestrahlte Energie
Die Atmosphäre, die Wolken und die Erdoberfläche reflektieren Licht und geben Wärme ab, die ins Weltall entweicht.

Absorption
Treibhausgasmoleküle absorbieren Wärmestrahlung von der Erde, erwärmen sich dabei und geben selbst wieder Wärmestrahlung ab, die teils zur Erdoberfläche zurückstrahlt.

Flugzeuge
Flugzeuge emittieren Kohlendioxid, da ihr Treibstoff aus Erdöl hergestellt wird.

Kraftwerke
Eine der größten Quellen für Treibhausgase ist die Verbrennung von Kohle, Öl und Erdgas zur Erzeugung von Strom und Wärme. Kraftwerke tragen einen großen Teil zu den menschlichen Emissionen bei.

Wirtschaft
Etwa ein Drittel des erzeugten Stroms wird von Unternehmen auf vielerlei Weise genutzt – vom Heizen bis zum Betrieb von Computern. Vielerorts verbraucht die Kühlung am meisten Strom.

Industrie
Die Industrie nutzt nicht nur ein Viertel der Elektrizität, sondern trägt selbst weitere 20 % der globalen Emissionen durch industrielle Prozesse und die Energieerzeugung aus fossilen Brennstoffen bei.

Treibhaus**effekt**

Bestimmte Gase in der Luft halten Wärme zurück, die sonst von der Erde ins Weltall entweichen würde. Dadurch ist es auf der Erde warm genug, dass Leben möglich ist. Diese Gase nennt man Treibhausgase (THGs). Doch durch menschliche Aktivitäten hat ihr Gehalt so stark zugenommen, dass die mittleren globalen Temperaturen steigen.

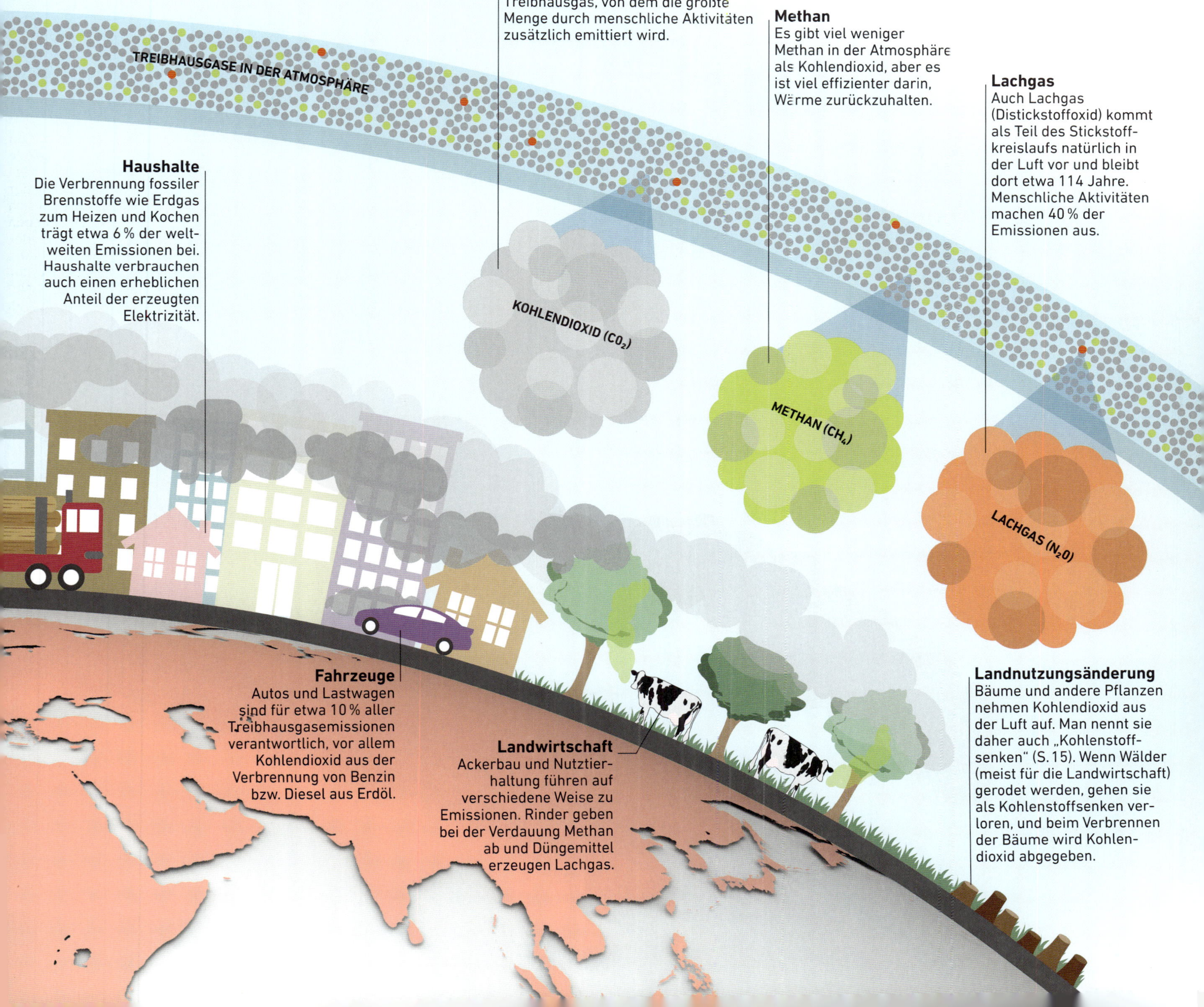

Kohlendioxid
Kohlendioxid kommt als Teil des natürlichen Kohlenstoffkreislaufs in der Luft vor, ist aber auch das Treibhausgas, von dem die größte Menge durch menschliche Aktivitäten zusätzlich emittiert wird.

Methan
Es gibt viel weniger Methan in der Atmosphäre als Kohlendioxid, aber es ist viel effizienter darin, Wärme zurückzuhalten.

Lachgas
Auch Lachgas (Distickstoffoxid) kommt als Teil des Stickstoffkreislaufs natürlich in der Luft vor und bleibt dort etwa 114 Jahre. Menschliche Aktivitäten machen 40 % der Emissionen aus.

Haushalte
Die Verbrennung fossiler Brennstoffe wie Erdgas zum Heizen und Kochen trägt etwa 6 % der weltweiten Emissionen bei. Haushalte verbrauchen auch einen erheblichen Anteil der erzeugten Elektrizität.

Fahrzeuge
Autos und Lastwagen sind für etwa 10 % aller Treibhausgasemissionen verantwortlich, vor allem Kohlendioxid aus der Verbrennung von Benzin bzw. Diesel aus Erdöl.

Landwirtschaft
Ackerbau und Nutztierhaltung führen auf verschiedene Weise zu Emissionen. Rinder geben bei der Verdauung Methan ab und Düngemittel erzeugen Lachgas.

Landnutzungsänderung
Bäume und andere Pflanzen nehmen Kohlendioxid aus der Luft auf. Man nennt sie daher auch „Kohlenstoffsenken" (S. 15). Wenn Wälder (meist für die Landwirtschaft) gerodet werden, gehen sie als Kohlenstoffsenken verloren, und beim Verbrennen der Bäume wird Kohlendioxid abgegeben.

Kohlenstoffkreislauf

Kohlenstoff kommt in allen Lebewesen vor. Globale Kreisläufe transportieren ihn zwischen der Atmosphäre, Ozeanen, Pflanzen, Tieren und Gesteinen. Viele natürliche Prozesse tauschen Kohlendioxid (CO_2) zwischen der Luft, dem Meer und den Ökosystemen aus. Sie stehen im Gleichgewicht, doch menschliche Aktivitäten stören es, was zum Klimawandel und zur Meeresversauerung führt.

LEGENDE

Die verschiedenfarbigen Pfeile zeigen die natürlichen Prozesse und menschlichen Aktivitäten, die die Stoffströme im Kohlenstoffkreislauf treiben.

- **CO_2 wird aus der Atmosphäre entfernt.**
- **CO_2 gelangt durch natürliche Prozesse in die Atmosphäre.**
- **CO_2 gelangt durch Aktivität der Menschen in die Atmosphäre.**

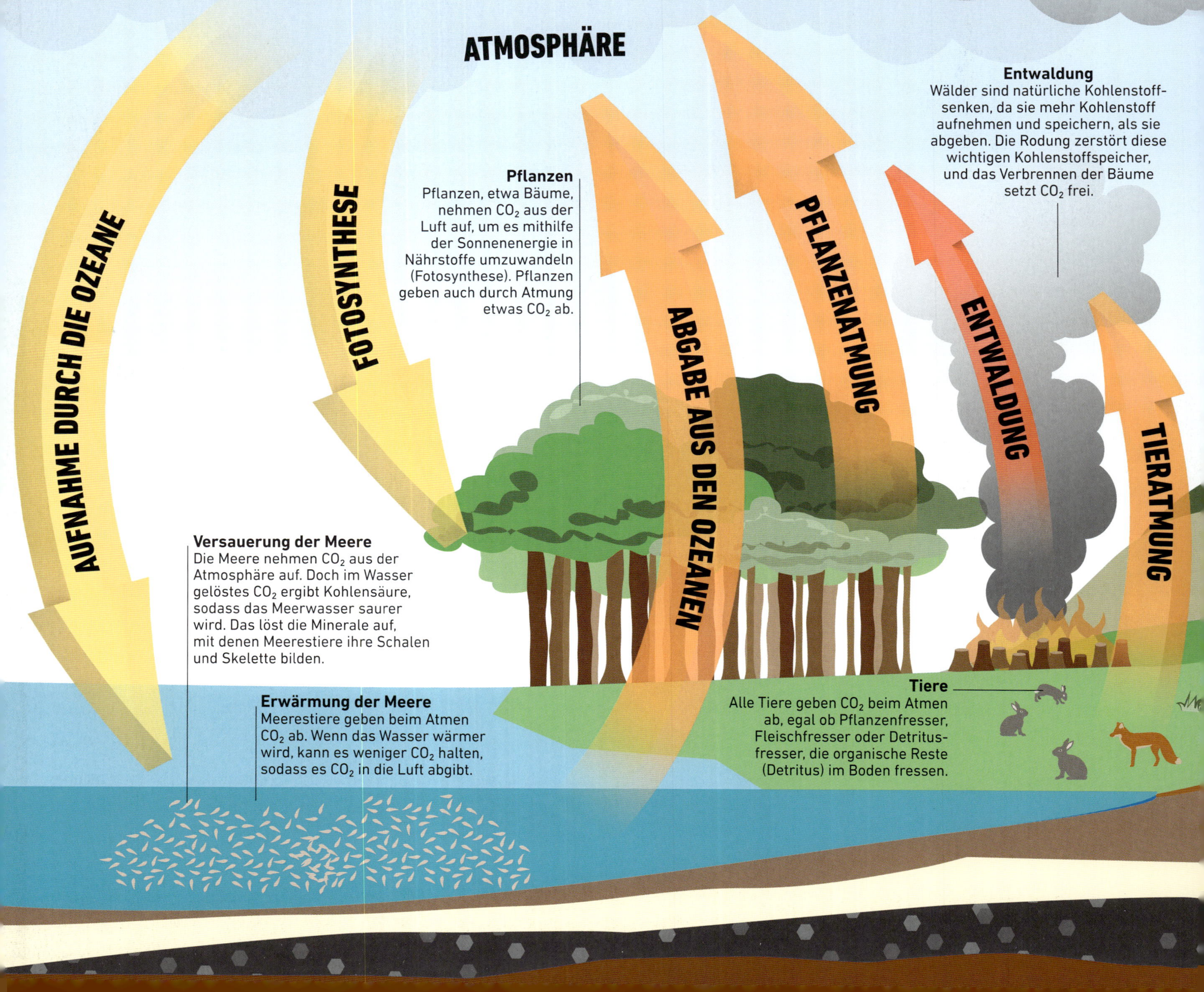

Kohlenstoffströme

Natürliche Vorgänge wie die Atmung (die Energieerzeugung aus der Nahrung) und die Verbrennung geben CO_2 in die Atmosphäre ab, während die Ozeane und die Pflanzen es aufnehmen. Da sie mehr CO_2 aufnehmen, als sie abgeben, nennt man sie „Kohlenstoffsenken". Menschliche Aktivitäten haben den Kohlenstoffkreislauf gestört, sodass sich mehr CO_2 in der Atmosphäre ansammelt – vor allem aus der Verbrennung fossiler Brennstoffe und der Entwaldung.

Störung des Gleichgewichts

Die wachsenden Emissionen durch die Menschheit stören den Kohlenstoffkreislauf. Insgesamt geben wir jedes Jahr etwa 10 Mrd. Tonnen CO_2 zusätzlich in die Atmosphäre ab.

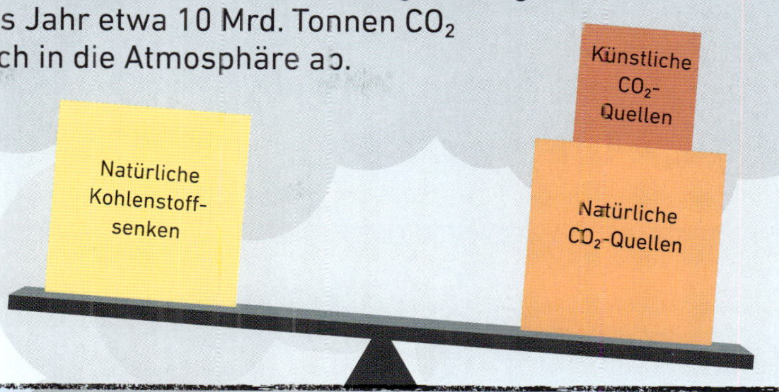

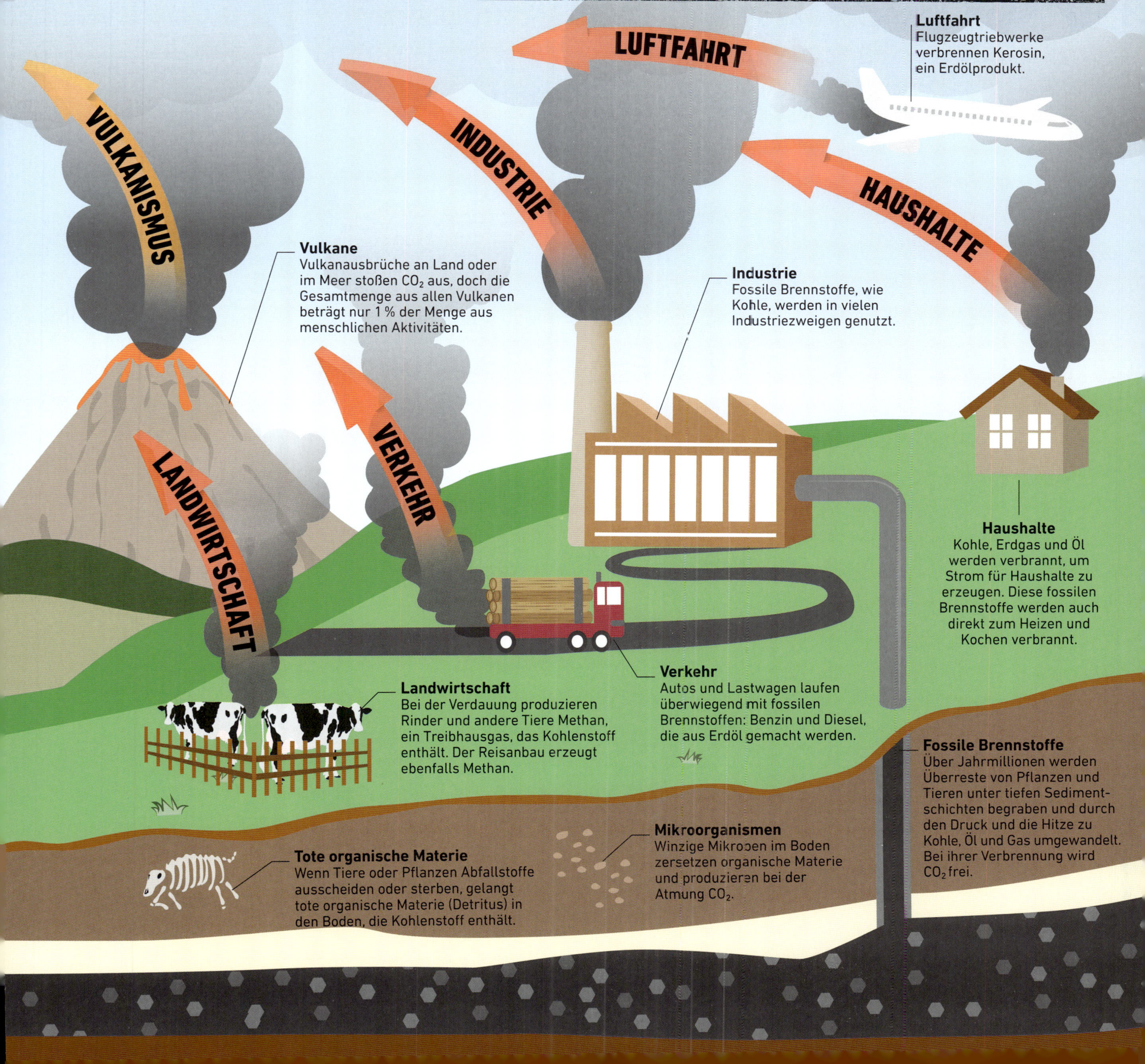

Der **Treibhausgas-** Fußabdruck

Der Treibhausgas-Fußabdruck zeigt, welche Menge an Treibhausgasen (THGs) eine Aktivität, ein Mensch oder ein Land erzeugt. Er wird auch CO_2-Fußabdruck oder Kohlendioxid-Bilanz genannt. Im THG-Wert sind neben CO_2 auch alle anderen Treibhausgase enthalten.

KATAR
Als eines der reichsten Länder der Erde erzeugt Katar auch besonders viele Treibhausgase. Sie stammen u. a. aus Entsalzungsanlagen, die Meerwasser in Trinkwasser verwandeln und mit fossilen Brennstoffen betrieben werden.

Fernsehen
Der Strom fürs Fernsehen trägt nur einen kleinen Teil zum CO_2-Ausstoß einer Person bei. Grundsätzlich wird in wohlhabenden Ländern aber mehr ferngesehen.

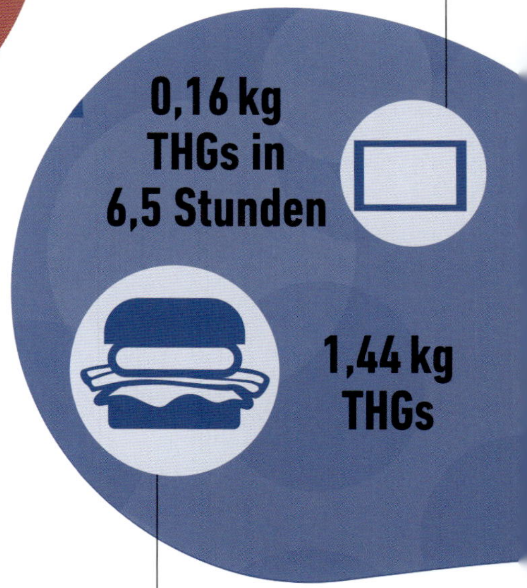

Hamburger
Die Haltung von Nutztieren, die Verarbeitung des Fleisches sowie Transport, Verpackung, Kühlung und Abfallbeseitigung tragen zur Bilanz eines Hamburgers bei.

Nationale Treibhausgas-Bilanzen

Die Fußabdrücke auf dieser Doppelseite zeigen den mittleren jährlichen Treibhausgas-Ausstoß jeweils eines Menschen in verschiedenen Ländern. Ihre Größe schwankt stark. Im Allgemeinen führt die Lebensweise von Menschen in wohlhabenden Nationen zu mehr Emissionen und damit zu größeren CO_2-Fußabdrücken.

FRANKREICH
Frankreich hat für europäische Verhältnisse eine recht niedrige Treibhausgas-Bilanz, was allerdings daran liegt, dass ein großer Teil der Elektrizität aus umstrittenen Kernkraftwerken stammt. Aber Frankreich führt auch viele Güter aus anderen Ländern ein, was die CO_2-Bilanz wieder erhöht.

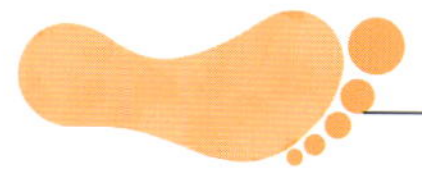

Indien
In Indien leben zwar sehr viele Menschen, aber die Treibhausgas-Bilanz pro Person ist recht niedrig. Die Menschen verbrauchen wenig Strom, fliegen selten und essen kaum Fleisch.

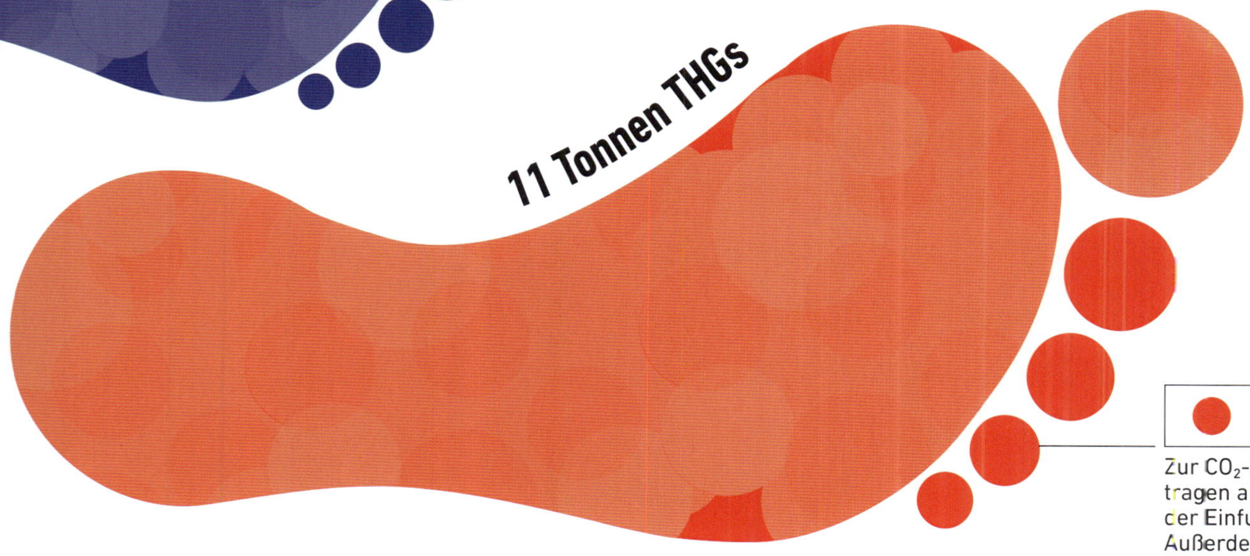

SENEGAL
Senegal hat einen der kleinsten Treibhausgas-Fußabdrücke der Erde. Die Einwohner verbrauchen kaum Strom und es gibt wenig Verkehr.

JAPAN
Zur CO_2-Bilanz eines durchschnittlichen Japaners tragen auch viele Abgase aus der Herstellung und der Einfuhr von Waren aus anderen Ländern bei. Außerdem verbraucht Japan sehr viel Energie.

Bus (Dieselmotor)
Die Busabgase verteilen sich auf alle Fahrgäste. Deshalb ist der CO_2-Fußabdruck pro Person geringer als bei Einzelfahrten im eigenen Auto.

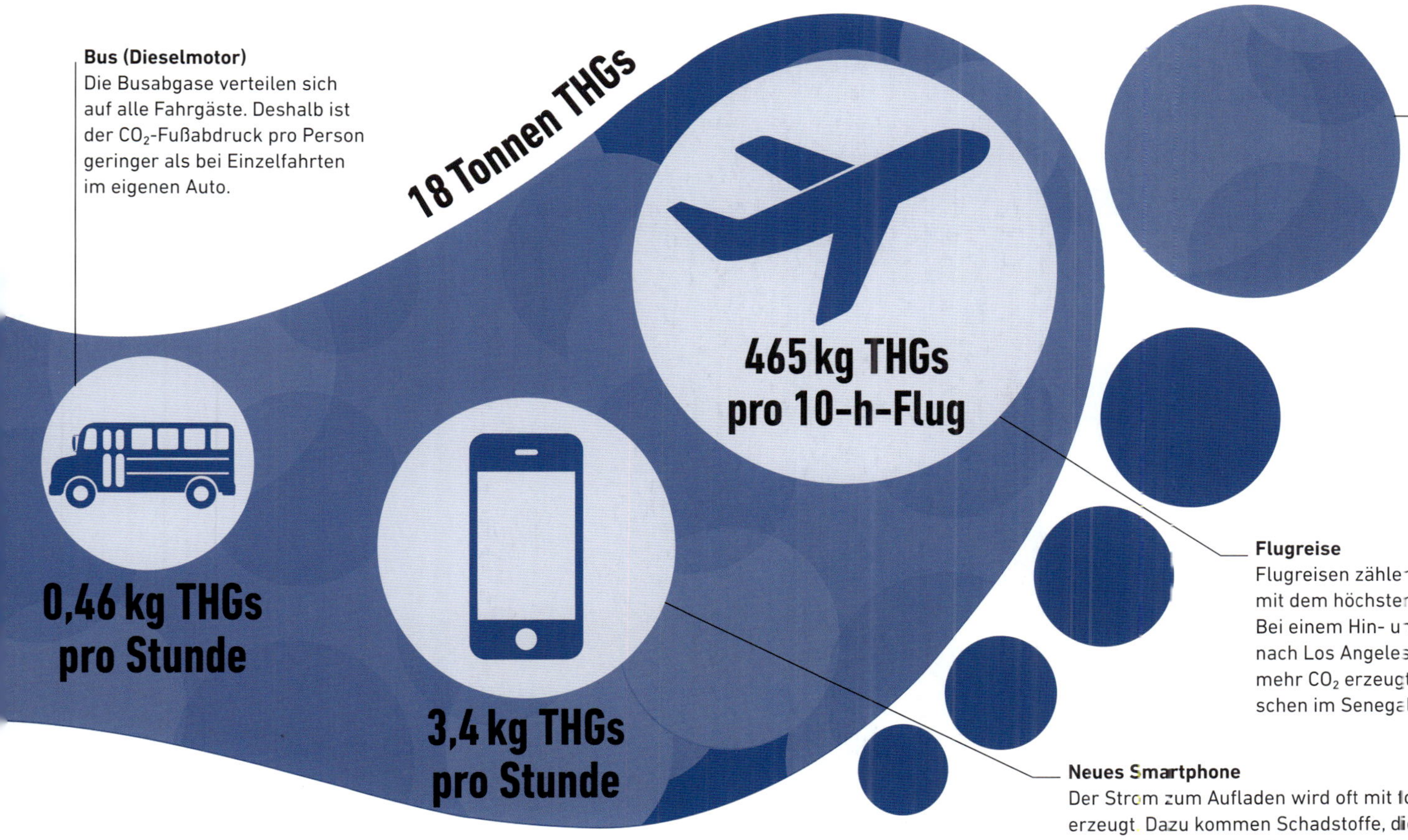

USA
Für den typischen Lebensstil in den USA wird eine große Menge fossiler Brennstoffe eingesetzt. Die meisten Emissionen entfallen auf den Straßen- und Luftverkehr sowie auf die Ernährung der Menschen.

Flugreise
Flugreisen zählen zu den Aktivitäten mit dem höchsten Schadstoffausstoß. Bei einem Hin- und Rückflug von Berlin nach Los Angeles wird pro Passagier mehr CO_2 erzeugt als von einem Menschen im Senegal in einem ganzen Jahr.

Neues Smartphone
Der Strom zum Aufladen wird oft mit fossilen Brennstoffen erzeugt. Dazu kommen Schadstoffe, die bei der Herstellung und Auslieferung des Smartphones in die Luft gelangen.

So viel wiegen THG-Fußabdrücke
Die Treibhausgas-Fußabdrücke werden in Tonnen THG-Emissionen (pro Jahr) gemessen. Wir können uns die Zahlen besser vorstellen, wenn wir sie mit anderen Gewichten vergleichen.
So produziert ein Durchschnittsbürger in Frankreich Treibhausgase, die so viel wiegen wie drei Flusspferde.

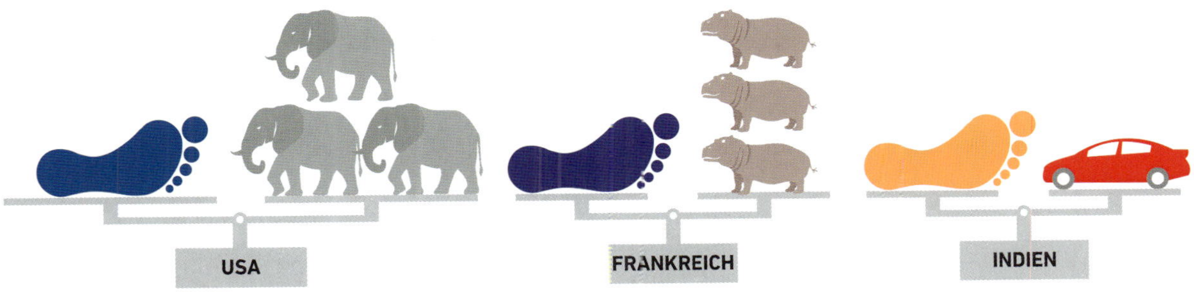

Erforschung des Klimawandels

Durch genaue Beobachtungen der heutigen Verhältnisse studieren Klimaforscher, wie sich das Klima verändert, wenn die Treibhausgase (THGs) in der Atmosphäre zunehmen. Damit können sie voraussagen, wie sich das Klima in Zukunft verändern wird, wenn die Konzentrationen von THGs weiter zunehmen.

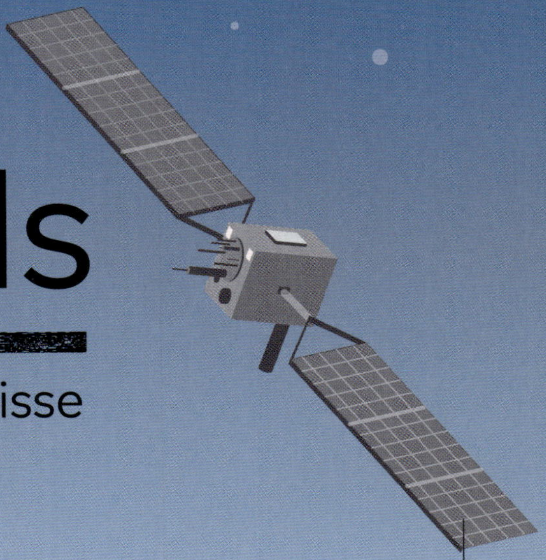

Erdfernerkundung
Satelliten in Erdumlaufbahnen messen viele Werte aus der Ferne, etwa die Lufttemperatur, die Wolkenbedeckung und die Stärke der Luftverschmutzung. Erdbeobachtungssatelliten nehmen Bilder der Erde auf, mit denen Wissenschaftler verfolgen können, wie Wüsten wachsen oder wie sich die Fläche des Meereises verringert.

Datensammlung

Klimaforscher sammeln und analysieren Daten aus einer enormen Vielfalt an Quellen. Sie beobachten das Wetter an der Erdoberfläche und in der oberen Atmosphäre, erfassen die Temperaturen und Strömungen im Meer und kartieren Oberflächeneigenschaften wie die Eisbedeckung. Sensornetzwerke übertragen kontinuierlich Daten von bestimmten Stellen und die Fernerkundung durch Satelliten füllt die Lücken. Zusammengenommen zeigen all diese Informationen, wie sich das Klima der Erde im Lauf der Zeit verändert hat.

Forschungsschiff
Über 70 % der Erde sind von Wasser bedeckt. Um also ein vollständiges Bild des Wetters zu erhalten, werden auf den Meeren Schiffe eingesetzt, vor allem aber Bojen und automatische Stationen. Sie sammeln Daten über den Luftdruck, die Windstärke und Windrichtung, die Temperatur und die Luftfeuchtigkeit.

Beobachtung der Ozeane
Ein Netzwerk von festen Bojen und Treibbojen misst die Wetterverhältnisse und sendet die Daten an Stationen an Land oder auf See. Bojen messen auch Meeresströmungen und Wellenhöhen. Argo-Treibbojen sind Geräte, die automatisch absinken und die Temperatur und den Salzgehalt in verschiedenen Tiefen registrieren, dann wieder auftauchen und die Daten über Satelliten senden. All diese Messungen tragen dazu bei, um zu verstehen, wie der Klimawandel die Meere beeinflusst.

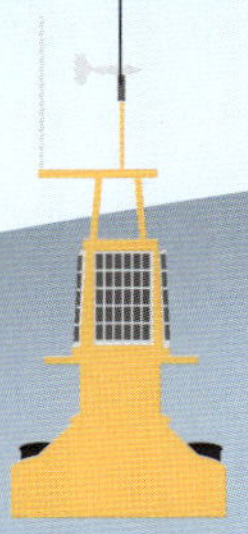

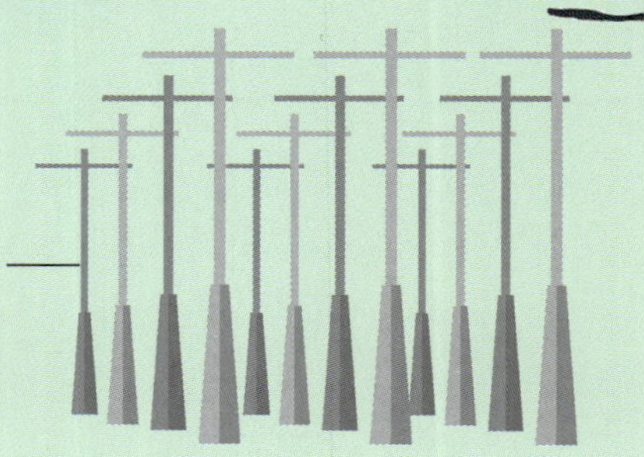

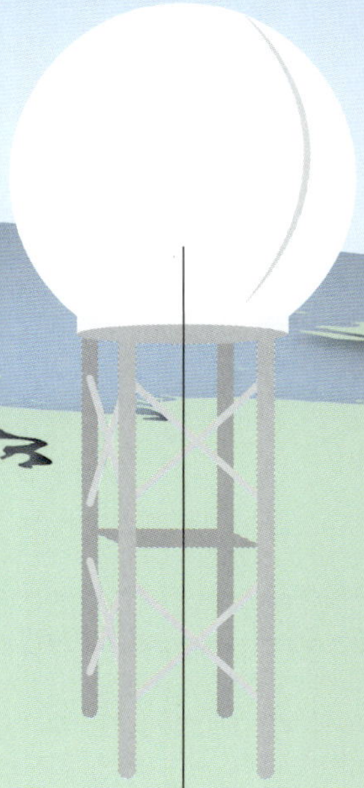

Windprofiler
An Land messen spezielle Radaranlagen, die Windprofiler, die Windstärke und Windrichtung mithilfe von Radiowellen.

Wetterradar
Radaranlagen messen die Verteilung von Regen mithilfe von Radiowellenpulsen, die von Wassertröpfchen in der Luft zurückgeworfen werden.

Wie man den zukünftigen Klimawandel begrenzt

Die Forschung zeigt, wie wir die THG-Emissionen verringern müssen, um den Temperaturanstieg zu begrenzen. Die Kurven stellen Emissionen bei verschiedenen politischen Entscheidungen dar, die Beschriftungen geben die jeweilige Erwärmung bis zum Jahr 2100 an. Man sieht, was nötig ist, um die Erwärmung unter dem 2 °C-Ziel des Pariser Klimaabkommens zu halten.

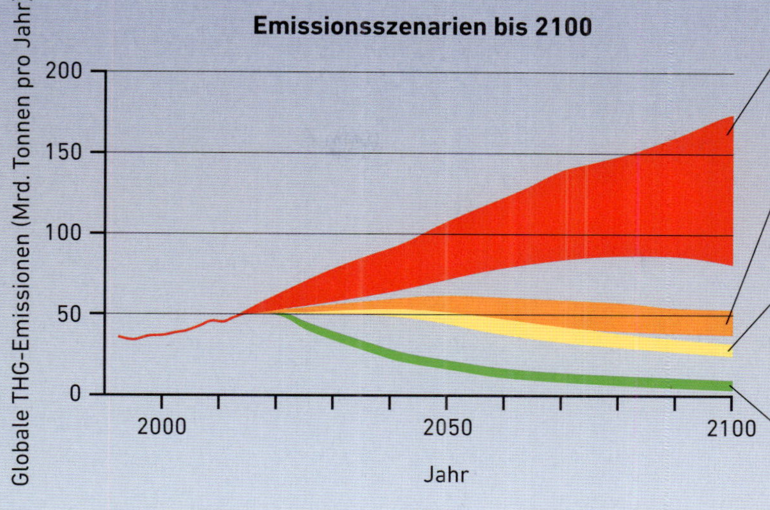

Hohe Emissionen
Werden keine Maßnahmen ergriffen, dürfte die Erwärmung bis 2100 deutlich über 4 °C liegen.

Derzeitige Politik
Beschlossene Maßnahmen begrenzen die Erwärmung auf bis zu 3,2 °C.

Starke Emissionsziele
Auch wenn alle Länder ihre Emissionsziele einhalten, liegt die Erwärmung dennoch bei 2,5–2,8 °C.

Drastische Reduktionen
Für eine Erwärmung unter 2 °C müssen wir die Emissionen stark verringern

Radiosonde
Ein Wetterballon, der hoch in die obere Atmosphäre aufsteigt, trägt ein Instrument, das man Radiosonde nennt. Es ist eine Miniatur-Wetterstation, die Luftdruck, Wind, Temperatur und Luftfeuchtigkeit in verschiedenen Höhen misst und die Daten als Radiosignal zur Bodenstation sendet.

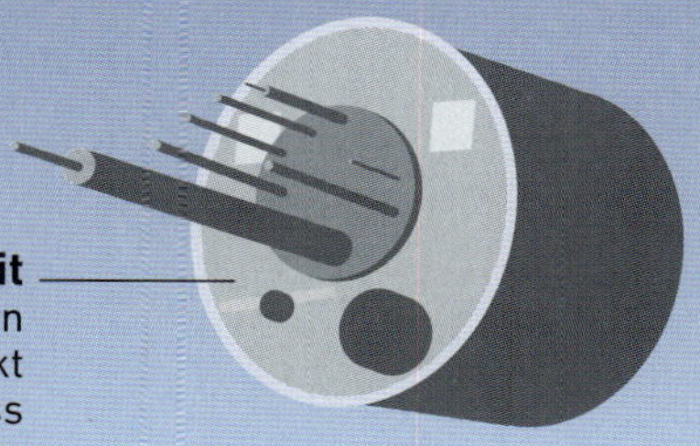

Wettersatellit
Satelliten in geostationären Umlaufbahnen stehen immer über dem gleichen Punkt der Erdoberfläche in so großer Höhe, dass sie die ganze Erdkugel überblicken. Sie beobachten unter anderem Wirbelstürme und andere Extremwetterereignisse, die durch den Klimawandel häufiger werden.

Fallsonde
Ähnlich wie eine Radiosonde misst eine Fallsonde die Verhältnisse in der Atmosphäre, sie wird aber von einem Flugzeug abgeworfen und sinkt dann langsam am Fallschirm nach unten. Man setzt Fallsonden über Gebieten wie den Ozeanen ein, wo es schwierig ist, Wetterballons zu starten.

Flugzeug
Viele kommerzielle Flugzeuge haben Instrumente zur Messung von Wetterdaten an Bord, die an Bodenstationen gesendet werden. Spezielle Forschungsflugzeuge erforschen Wolkensysteme und Aerosole (winzige schwebende Tröpfchen und Partikel) in der Atmosphäre.

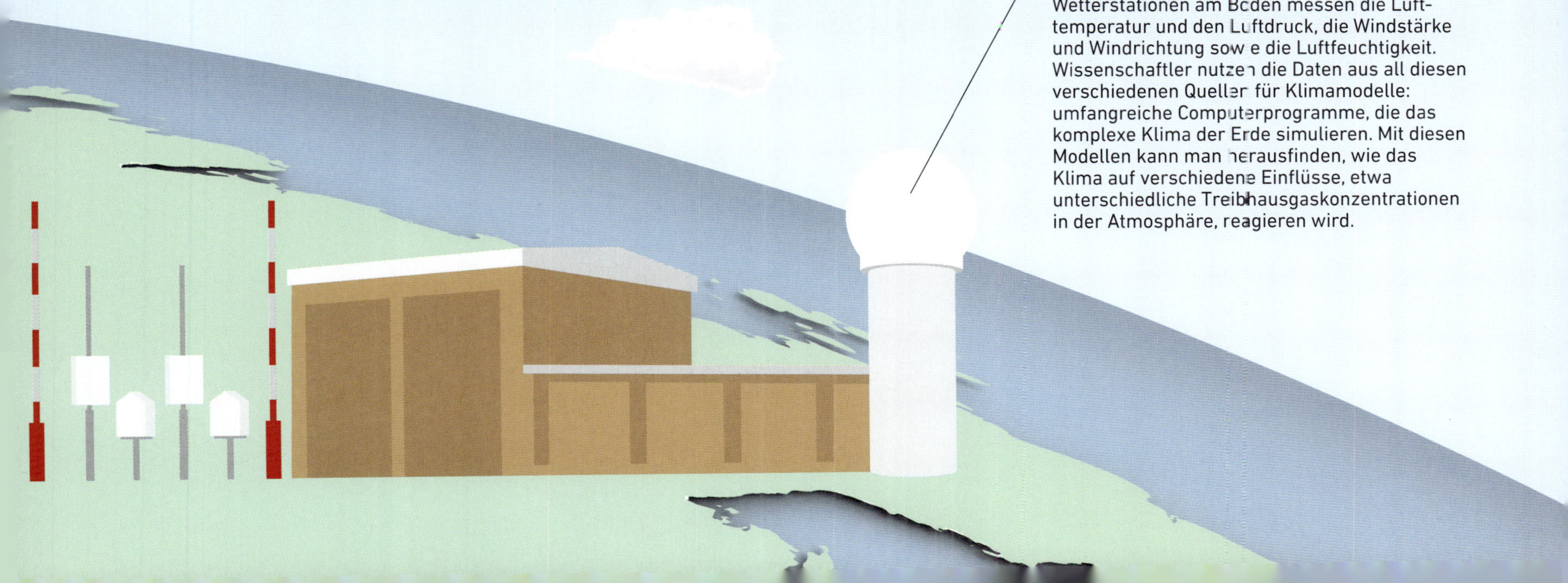

Bodenstationen
Wetterstationen am Boden messen die Lufttemperatur und den Luftdruck, die Windstärke und Windrichtung sowie die Luftfeuchtigkeit. Wissenschaftler nutzen die Daten aus all diesen verschiedenen Quellen für Klimamodelle: umfangreiche Computerprogramme, die das komplexe Klima der Erde simulieren. Mit diesen Modellen kann man herausfinden, wie das Klima auf verschiedene Einflüsse, etwa unterschiedliche Treibhausgaskonzentrationen in der Atmosphäre, reagieren wird.

Ursachen des Klimawandels

Warum sich das **Klima ändert**

Menschliche Aktivitäten – von der Landwirtschaft über die Industrie und den Verkehr bis zum Heizen – emittieren Treibhausgase (THGs). In den letzten 250 Jahren hat ihr Ausmaß und ihre Intensität enorm zugenommen, sodass sie nun das Klima verändern.

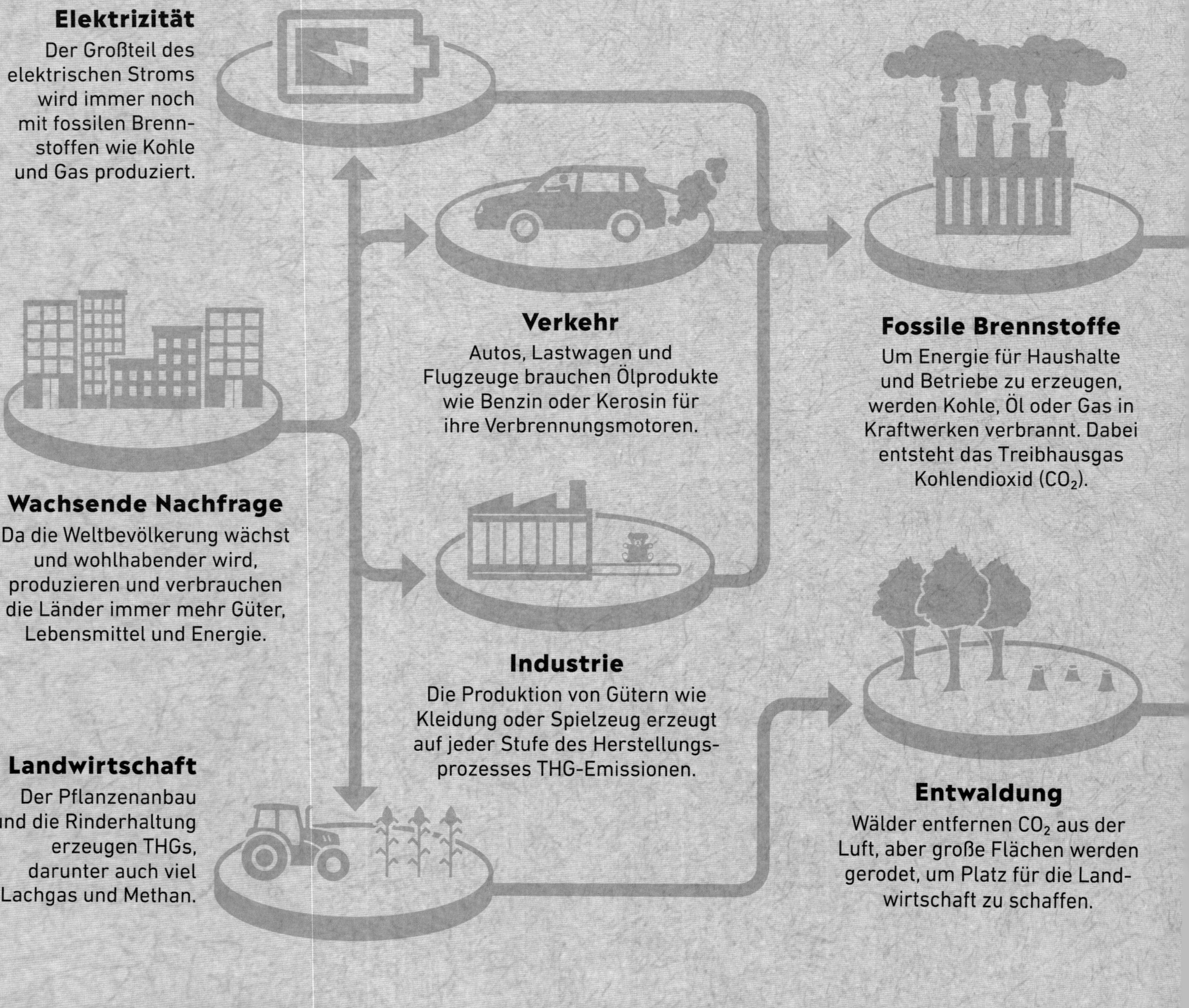

Elektrizität

Der Großteil des elektrischen Stroms wird immer noch mit fossilen Brennstoffen wie Kohle und Gas produziert.

Wachsende Nachfrage

Da die Weltbevölkerung wächst und wohlhabender wird, produzieren und verbrauchen die Länder immer mehr Güter, Lebensmittel und Energie.

Landwirtschaft

Der Pflanzenanbau und die Rinderhaltung erzeugen THGs, darunter auch viel Lachgas und Methan.

Verkehr

Autos, Lastwagen und Flugzeuge brauchen Ölprodukte wie Benzin oder Kerosin für ihre Verbrennungsmotoren.

Industrie

Die Produktion von Gütern wie Kleidung oder Spielzeug erzeugt auf jeder Stufe des Herstellungsprozesses THG-Emissionen.

Fossile Brennstoffe

Um Energie für Haushalte und Betriebe zu erzeugen, werden Kohle, Öl oder Gas in Kraftwerken verbrannt. Dabei entsteht das Treibhausgas Kohlendioxid (CO_2).

Entwaldung

Wälder entfernen CO_2 aus der Luft, aber große Flächen werden gerodet, um Platz für die Landwirtschaft zu schaffen.

Kohlendioxid (CO_2)
Menschliche Aktivitäten geben das Treibhausgas CO_2 in die Luft ab, das das Klima verändert. Die Grafik zeigt die stetige Zunahme der CO_2-Konzentration in der Erdatmosphäre in den vergangenen 60 Jahren. Die Konzentration wird in ppm *(parts per million)*, also der Anzahl von CO_2-Molekülen pro 1 Mio. Luftmoleküle, gemessen.

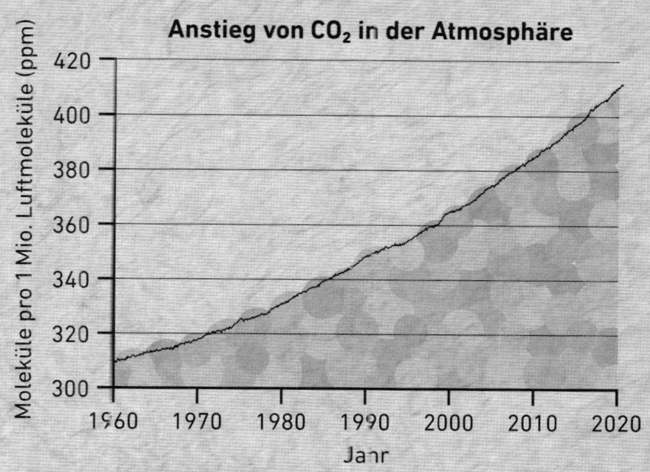

Treibhausgas-Fußabdruck

All diese Aktivitäten haben zu einer dramatischen Zunahme von Treibhausgasen in der Atmosphäre geführt, die unseren Planeten gefährlich erwärmen. Diese Folgen nennt man auch den Treibhausgas-Fußabdruck des Menschen.

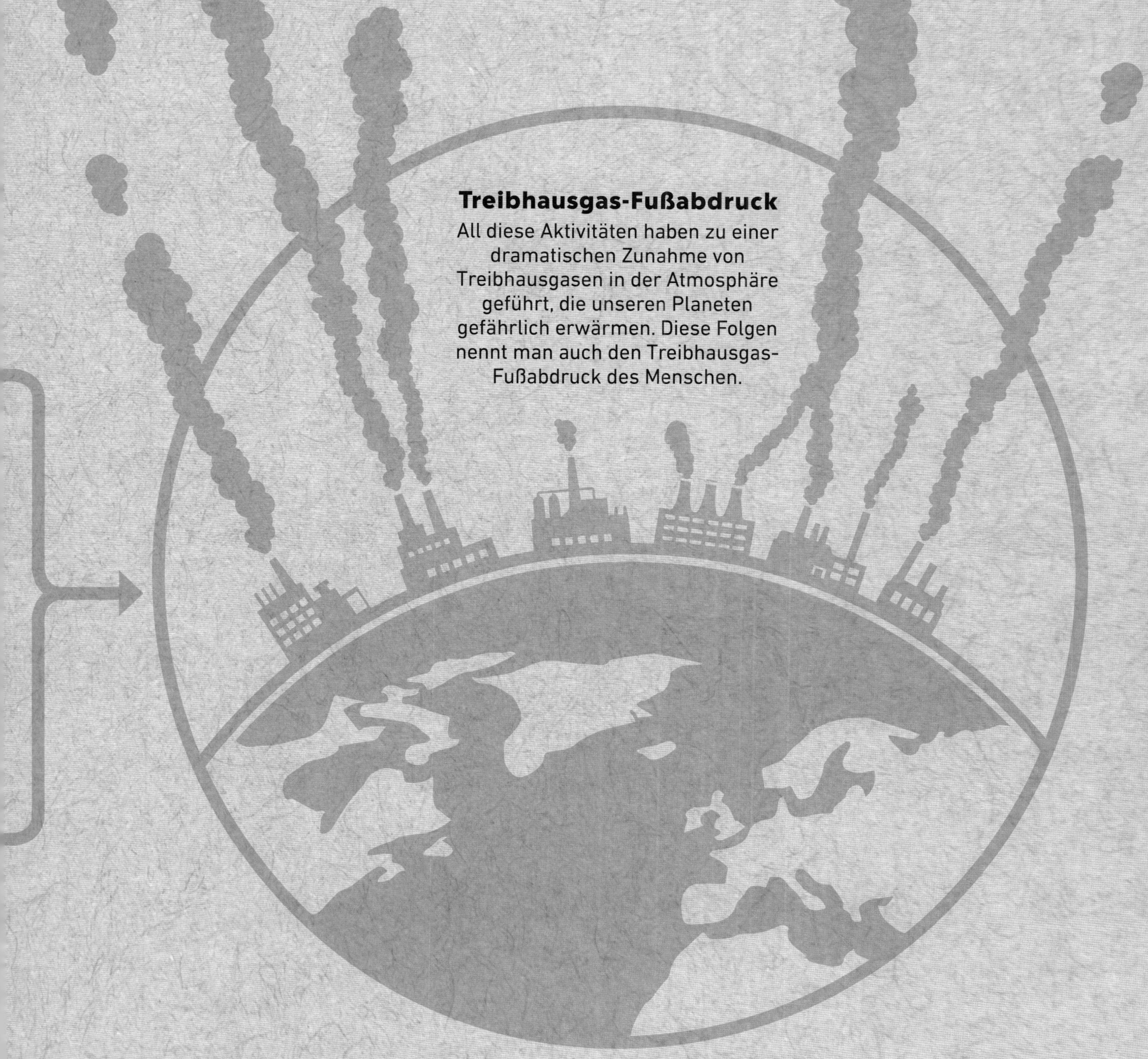

Bevölkerungs**wachstum**

Heute leben auf der Erde achtmal so viele Menschen wie vor zwei Jahrhunderten. Länder industrialisieren sich und die Menschen konsumieren mehr, sodass ihre Treibhausgasemissionen steigen.

Wachstum im Lauf der Zeit

Die Abfolge der Weltkarten hier zeigt, wie die Weltbevölkerung in der Geschichte gewachsen ist. Jahrtausendelang wuchs sie nur langsam, doch das Wachstum nahm mit der industriellen Revolution enorm zu, etwa zur gleichen Zeit, als man begann, viele fossile Brennstoffe zu verbrennen, die Treibhausgase abgeben.

Erste Bauern
Als Menschen anfingen, Landwirtschaft zu betreiben, lebten weltweit weniger Menschen als heute in einer der großen Städte.

10 000 v. Chr.
4 000 000

Langsames Wachstum
Die Weltbevölkerung wuchs langsam. Erst 11 500 Jahre später waren es knapp eine halbe Milliarde Menschen.

1500
480 000 000

Bauernleben
Vor der Industrialisierung waren die meisten Menschen Bauern. Viele starben jung.

1750
770 000 000

Wo leben wir?

Wie die Karte zeigt, sind die Menschen nicht gleichmäßig über die Erde verteilt – die Bevölkerungsdichte der Länder variiert enorm. Auch die CO_2-Emissionen unterscheiden sich stark, vor allem je nach wirtschaftlichem Wohlstand.

Europa
Mit einer Bevölkerung von mehr als 700 Mio. war die dicht besiedelte und hoch industrialisierte Region früher der größte CO_2-Emittent, liegt heute aber hinter den USA oder China.

USA
Mit 327 Mio. Einwohnern leben 5 % der Weltbevölkerung in den USA. Diese emittieren aber 15 % des CO_2. Damit sind die USA nach China der zweitgrößte Emittent.

Nigeria
Nigeria, das bevölkerungsreichste Land Afrikas, hat 196 Mio. Einwohner. Wie in anderen Ländern Afrikas sind Einkommen und CO_2-Emissionen niedrig: Der Kontinent umfasst 16 % der Weltbevölkerung, verursacht aber nur 4 % der globalen CO_2-Emissionen.

Wie viele Erden?

Die Menschheit konsumiert viel mehr, als die Erde produziert. Geschätzt brauchen wir 1,75-mal die Ressourcen der Erde. Doch einige bevölkerungsreiche Länder nutzen relativ wenig Ressourcen. Wenn jeder wie ein Durchschnittsbürger von Indien (dem Land mit der zweitgrößten Bevölkerung der Erde) mit dem mittleren Einkommen von etwa 600 Euro pro Jahr leben würde, dann bräuchten wir nur die Hälfte der Ressourcen der Erde.

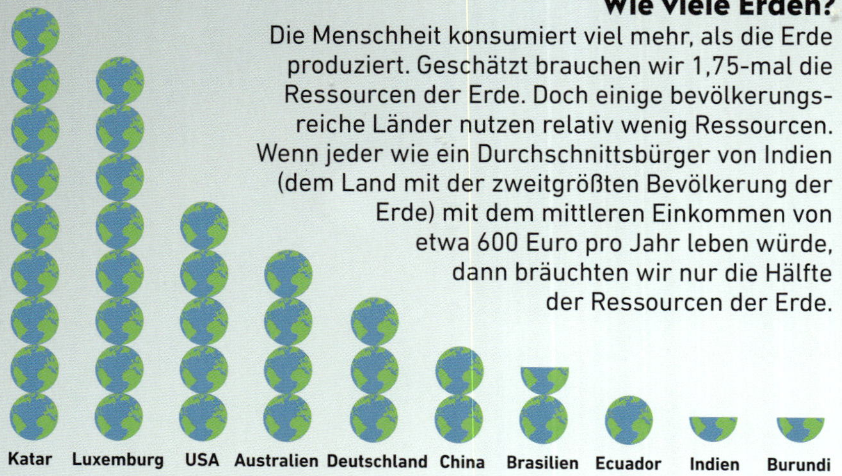

DIE **WELTBEVÖLKERUNG** DÜRFTE SICH **2100** BEI ETWA **11 MILLIARDEN** STABILISIEREN.

Bevölkerungsexplosion
Die Weltbevölkerung ist seit den 1950ern explodiert, aber die Wachstumsrate scheint jetzt wieder abzunehmen. Denn da in vielen Regionen das Einkommen steigt und sich die Gesellschaft ändert, haben die Menschen jetzt kleinere Familien.

Rapides Wachstum
Die medizinische Versorgung wurde besser und weniger Menschen starben im Kindesalter, sodass sich die Bevölkerung in einem einzigen Jahrhundert fast verdoppelte. Der schnell zunehmende Konsum wurde durch fossile Brennstoffe ermöglicht und die CO_2-Emissionen stiegen.

Industrielles Wachstum
Nachdem die erste Milliarde erst nach Zehntausenden von Jahren erreicht war, wuchs die Bevölkerung schneller, weil die Lebensbedingungen in einigen Ländern besser wurden und mehr Kinder bis ins Erwachsenenalter überlebten.

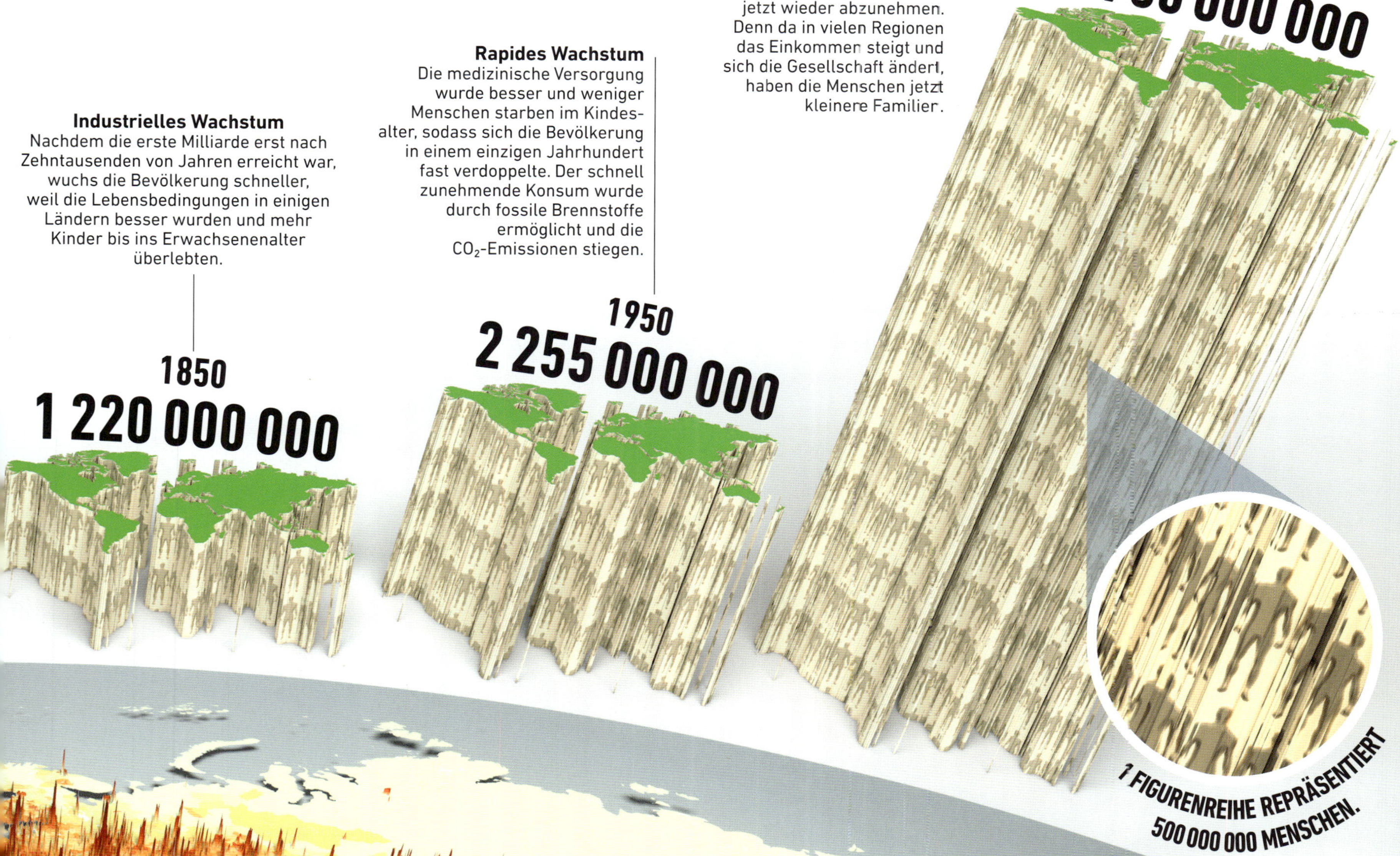

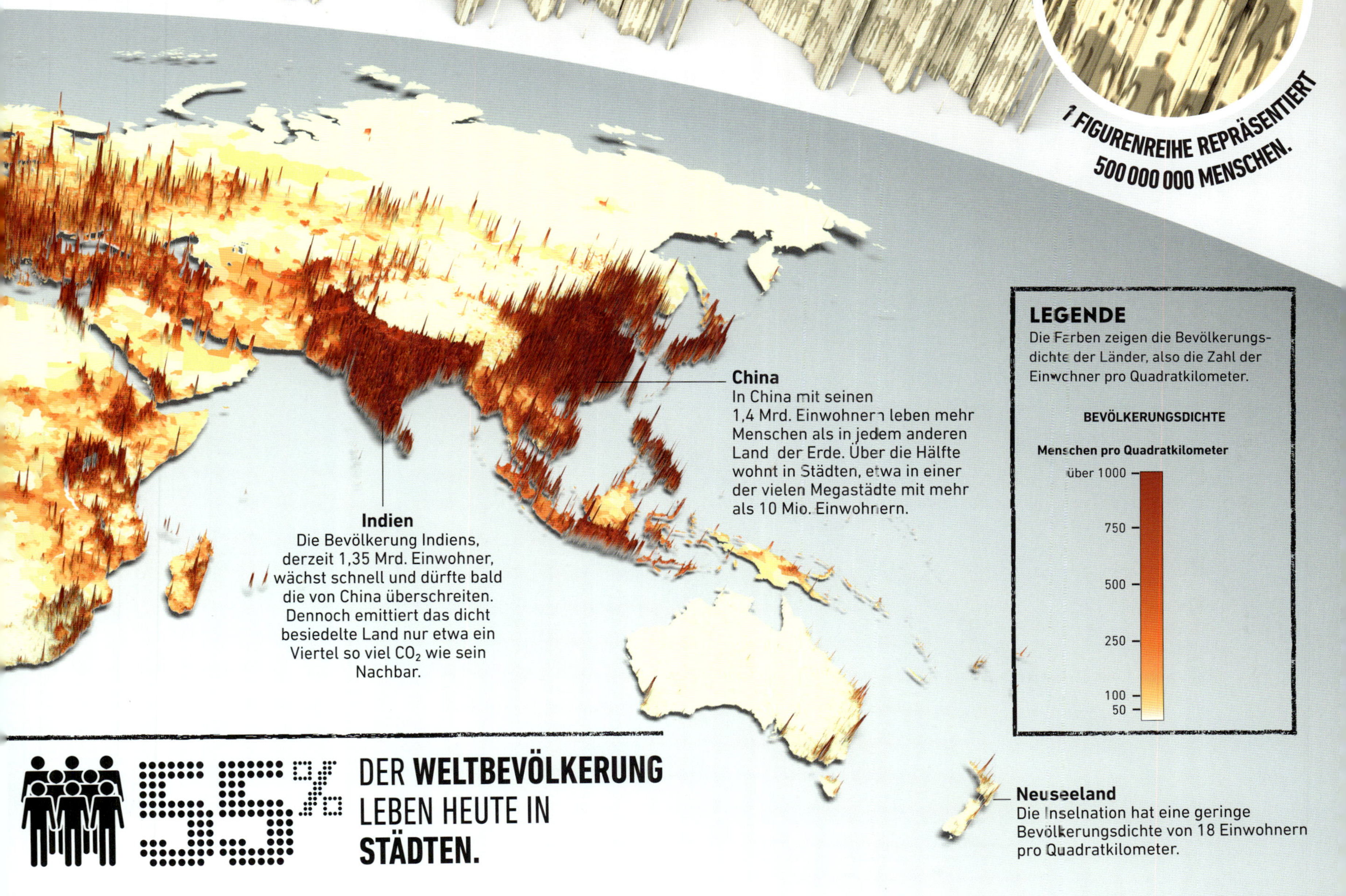

China
In China mit seinen 1,4 Mrd. Einwohnern leben mehr Menschen als in jedem anderen Land der Erde. Über die Hälfte wohnt in Städten, etwa in einer der vielen Megastädte mit mehr als 10 Mio. Einwohnern.

Indien
Die Bevölkerung Indiens, derzeit 1,35 Mrd. Einwohner, wächst schnell und dürfte bald die von China überschreiten. Dennoch emittiert das dicht besiedelte Land nur etwa ein Viertel so viel CO_2 wie sein Nachbar.

Neuseeland
Die Inselnation hat eine geringe Bevölkerungsdichte von 18 Einwohnern pro Quadratkilometer.

55 % DER **WELTBEVÖLKERUNG** LEBEN HEUTE IN **STÄDTEN.**

Fossile **Brennstoffe**

Kohle, Erdöl und Erdgas bezeichnet man auch als fossile Brennstoffe. Bei ihrer Nutzung zur Erzeugung von Strom und Wärme entsteht Kohlendioxid (CO_2), das als Treibhausgas das Klima beeinflusst. Im Jahr 2020 stieß China von allen Ländern die meisten Treibhausgase aus. Im Lauf des letzten Jahrhunderts stammten aber die meisten Treibhausgasemissionen von den Industrieländern Europas und Nordamerikas.

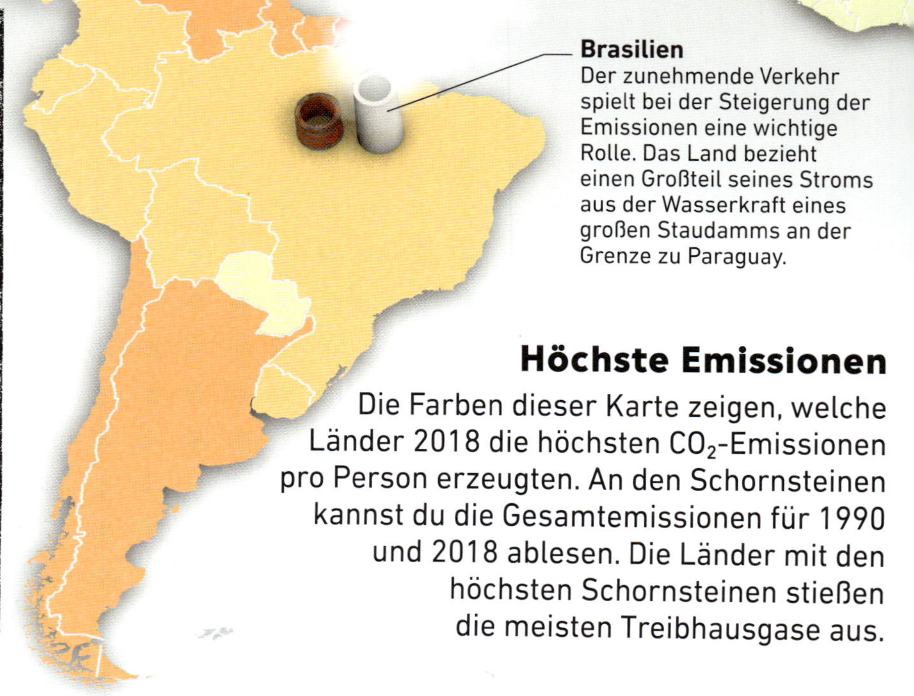

USA
1990 erzeugten die USA mehr Emissionen als jedes andere Land. Seitdem ist der Ausstoß von Treibhausgasen noch leicht angestiegen, weil ein Großteil der Energie immer noch aus Kohlekraftwerken stammt.

Kanada
Trotz der Demonstrationen von Klimaaktivisten und indigenen Volksgruppen baut Kanada weiter Pipelines für die Nutzung von fossilen Brennstoffen.

Mexiko
Mexiko bezieht seine Energie großenteils aus fossilen Quellen. Trotzdem sind die Emissionen pro Person viel niedriger als in den USA oder Kanada.

Brasilien
Der zunehmende Verkehr spielt bei der Steigerung der Emissionen eine wichtige Rolle. Das Land bezieht einen Großteil seines Stroms aus der Wasserkraft eines großen Staudamms an der Grenze zu Paraguay.

Steigende Emissionen

Seit Mitte des 20. Jh. ist die Weltwirtschaft so schnell gewachsen wie nie zuvor. Fossile Brennstoffe spielten dabei eine wichtige Rolle. Diese Grafik zeigt, dass das Wirtschaftswachstum einen hohen Preis hat und die CO_2-Emissionen gefährlich hohe Werte erreicht haben.

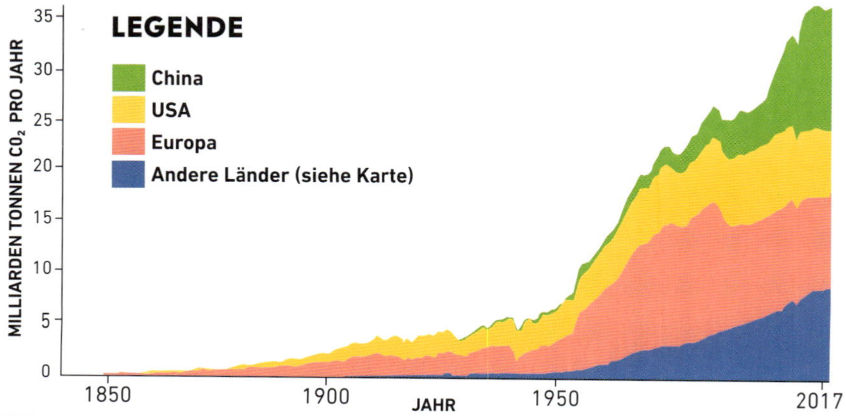

Höchste Emissionen

Die Farben dieser Karte zeigen, welche Länder 2018 die höchsten CO_2-Emissionen pro Person erzeugten. An den Schornsteinen kannst du die Gesamtemissionen für 1990 und 2018 ablesen. Die Länder mit den höchsten Schornsteinen stießen die meisten Treibhausgase aus.

20 % DER EMISSIONEN STAMMEN AUS DER **INDUSTRIE.**

ETWA 74 % **DER TREIBHAUSGASE** ENTFALLEN AUF **KOHLENDIOXID.**

LEGENDE

Die Karte zeigt die jährlichen CO_2-Emissionen pro Einwohner für alle Länder der Welt.

- unter 1,0 t (Tonnen pro Jahr)
- 1,0–2,5 t
- 2,5–5,0 t
- 5,0–10,0 t
- 10,0–15,0 t
- über 15,0 t
- keine Daten verfügbar

Die Schornsteine zeigen die Veränderung der Gesamtemissionen.

1990 2018

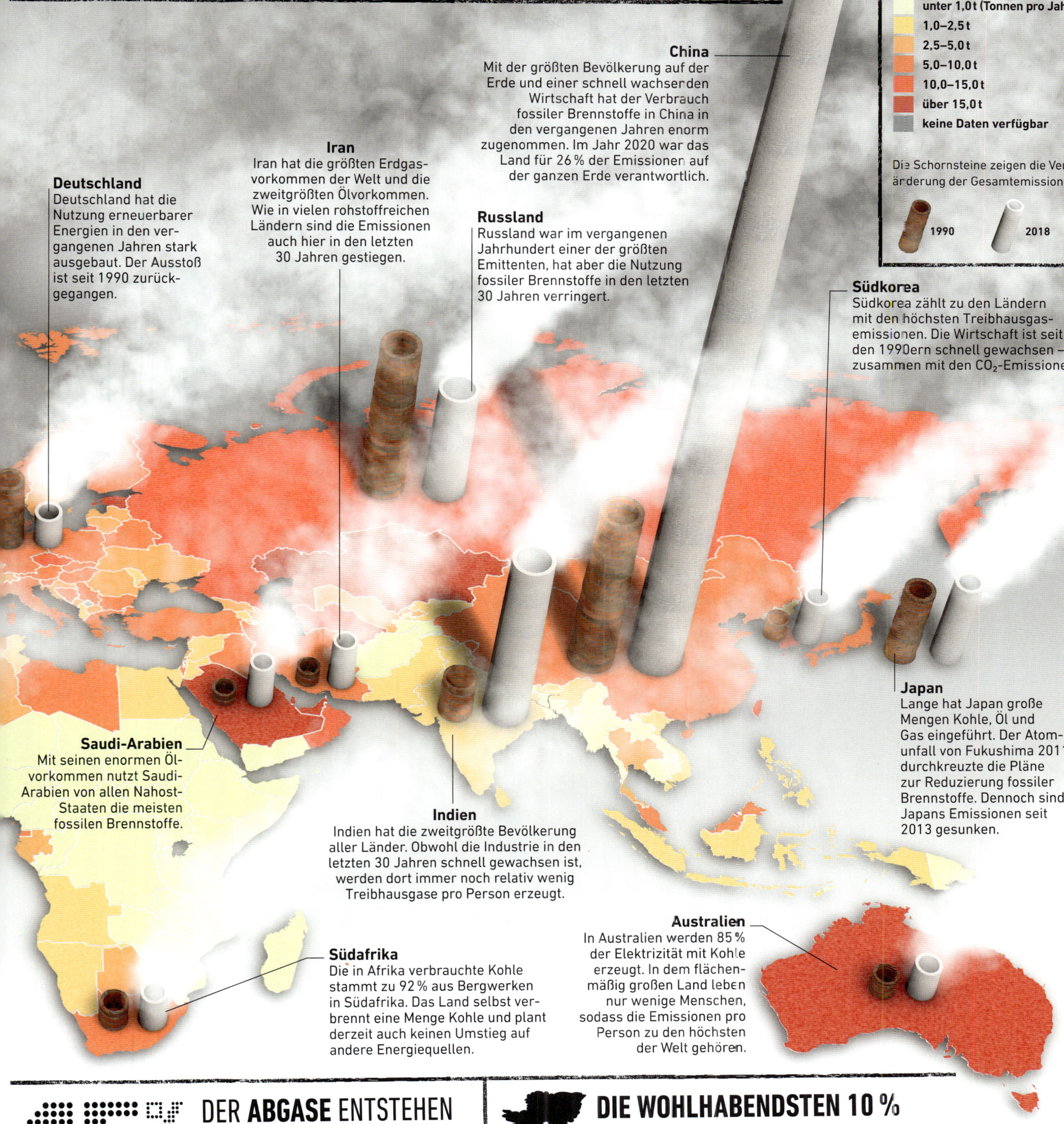

China
Mit der größten Bevölkerung auf der Erde und einer schnell wachsenden Wirtschaft hat der Verbrauch fossiler Brennstoffe in China in den vergangenen Jahren enorm zugenommen. Im Jahr 2020 war das Land für 26 % der Emissionen auf der ganzen Erde verantwortlich.

Iran
Iran hat die größten Erdgasvorkommen der Welt und die zweitgrößten Ölvorkommen. Wie in vielen rohstoffreichen Ländern sind die Emissionen auch hier in den letzten 30 Jahren gestiegen.

Deutschland
Deutschland hat die Nutzung erneuerbarer Energien in den vergangenen Jahren stark ausgebaut. Der Ausstoß ist seit 1990 zurückgegangen.

Russland
Russland war im vergangenen Jahrhundert einer der größten Emittenten, hat aber die Nutzung fossiler Brennstoffe in den letzten 30 Jahren verringert.

Südkorea
Südkorea zählt zu den Ländern mit den höchsten Treibhausgasemissionen. Die Wirtschaft ist seit den 1990ern schnell gewachsen – zusammen mit den CO_2-Emissionen.

Saudi-Arabien
Mit seinen enormen Ölvorkommen nutzt Saudi-Arabien von allen Nahost-Staaten die meisten fossilen Brennstoffe.

Japan
Lange hat Japan große Mengen Kohle, Öl und Gas eingeführt. Der Atomunfall von Fukushima 2011 durchkreuzte die Pläne zur Reduzierung fossiler Brennstoffe. Dennoch sind Japans Emissionen seit 2013 gesunken.

Indien
Indien hat die zweitgrößte Bevölkerung aller Länder. Obwohl die Industrie in den letzten 30 Jahren schnell gewachsen ist, werden dort immer noch relativ wenig Treibhausgase pro Person erzeugt.

Australien
In Australien werden 85 % der Elektrizität mit Kohle erzeugt. In dem flächenmäßig großen Land leben nur wenige Menschen, sodass die Emissionen pro Person zu den höchsten der Welt gehören.

Südafrika
Die in Afrika verbrauchte Kohle stammt zu 92 % aus Bergwerken in Südafrika. Das Land selbst verbrennt eine Menge Kohle und plant derzeit auch keinen Umstieg auf andere Energiequellen.

45 % DER **ABGASE** ENTSTEHEN BEI DER ERZEUGUNG VON **STROM** UND **WÄRME.**

DIE WOHLHABENDSTEN 10 % DER MENSCHHEIT PRODUZIEREN **50 % DER WELTWEITEN EMISSIONEN.**

2. NOVEMBER 2019

Im November 2019 war die Luftqualität in Neu-Delhi so schlecht, dass man den Gesundheitsnotstand ausrief.

Luftverschmutzung
Dieses Bild zeigt das India Gate, einen Triumphbogen in der indischen Hauptstadt Neu-Delhi, vor und nach dem COVID-19-Lockdown. Im November 2019 umgab dicker Smog das Denkmal, weil die Luft voller giftiger Emissionen von Motorfahrzeugen und aus der Industrie und Landwirtschaft war. Der indische Luftgüteindex – ein Maß für die Menge schädlicher Stoffe in der Luft, wobei Werte unter 50 als „gut" gelten – überschreitet regelmäßig den Wert 200 („schlecht"), vereinzelt wird 900 erreicht. Als das Land Ende März 2020 wegen der COVID-19-Pandemie den Lockdown beschloss, Industriebetriebe die Arbeit einstellten und Autos von den Straßen verschwanden, wurde die Luft sofort viel besser. Die Folgen des Lockdowns zeigen, welche Vorteile der Umstieg auf weniger verschmutzende Brennstoffe bringen würde.

20. APRIL 2020

1/3 DES WELTWEIT ERZEUGTEN **GETREIDES** WIRD ALS **TIERFUTTER VERWENDET.**

70 MILLIARDEN **TIERE** WERDEN JEDES JAHR FÜR DIE **FLEISCHPRODUKTION** AUFGEZOGEN.

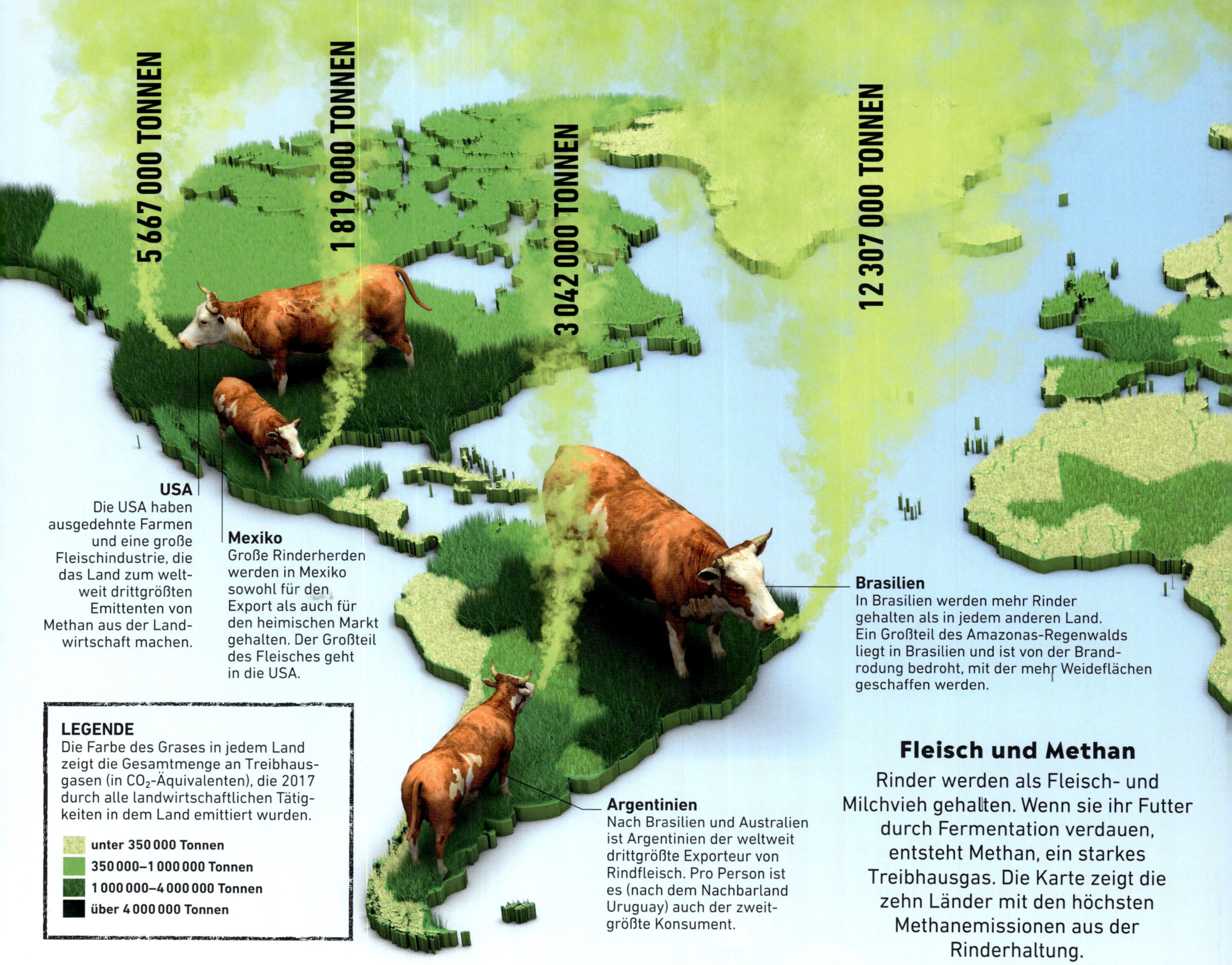

Fleisch und Methan

Rinder werden als Fleisch- und Milchvieh gehalten. Wenn sie ihr Futter durch Fermentation verdauen, entsteht Methan, ein starkes Treibhausgas. Die Karte zeigt die zehn Länder mit den höchsten Methanemissionen aus der Rinderhaltung.

Landwirtschaft

Die Landwirtschaft hat einen enormen Anteil am Anstieg der Treibhausgase. Einen großen Beitrag machen neu geschaffene Anbauflächen und Weideland aus, für die Wälder gerodet werden, die Kohlendioxid (CO_2) aus der Atmosphäre aufnehmen. Eine wichtige Rolle spielen zudem Nutztiere, die Methan abgeben.

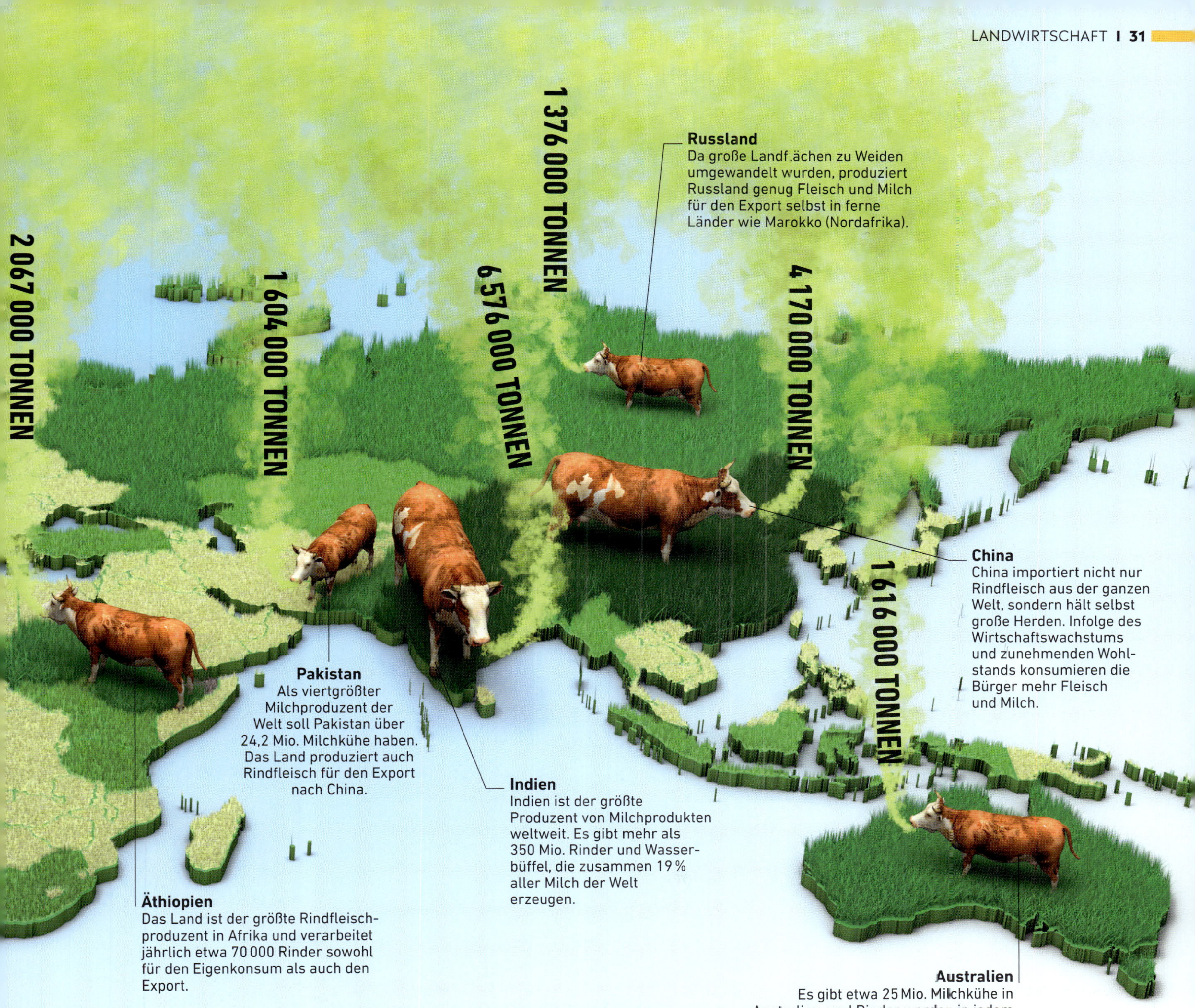

Russland
Da große Landflächen zu Weiden umgewandelt wurden, produziert Russland genug Fleisch und Milch für den Export selbst in ferne Länder wie Marokko (Nordafrika).

China
China importiert nicht nur Rindfleisch aus der ganzen Welt, sondern hält selbst große Herden. Infolge des Wirtschaftswachstums und zunehmenden Wohlstands konsumieren die Bürger mehr Fleisch und Milch.

Pakistan
Als viertgrößter Milchproduzent der Welt soll Pakistan über 24,2 Mio. Milchkühe haben. Das Land produziert auch Rindfleisch für den Export nach China.

Indien
Indien ist der größte Produzent von Milchprodukten weltweit. Es gibt mehr als 350 Mio. Rinder und Wasserbüffel, die zusammen 19 % aller Milch der Welt erzeugen.

Äthiopien
Das Land ist der größte Rindfleischproduzent in Afrika und verarbeitet jährlich etwa 70 000 Rinder sowohl für den Eigenkonsum als auch den Export.

Australien
Es gibt etwa 25 Mio. Milchkühe in Australien, und Rinder werden in jedem Bundesstaat gehalten. 55 % aller Landwirtschaftsbetriebe sind Rinderfarmen.

Landwirtschaftliche Emissionen

Die Landwirtschaft ist für drei wichtige Treibhausgase verantwortlich. Methan wird bei der Fermentation im Magen von Wiederkäuern und beim Reisanbau frei. Der Einsatz von Düngern und die intensive Bodenbearbeitung setzt Lachgas (Distickstoffoxid) frei, das ein sehr starkes Treibhausgas ist. Die Landwirtschaft produziert auch große Mengen Kohlendioxid (CO_2). Wälder werden für Acker- und Weideflächen gerodet, sodass weniger Bäume CO_2 aus der Atmosphäre entfernen. Oft werden die Bäume verbrannt, was zusätzlich CO_2 erzeugt.

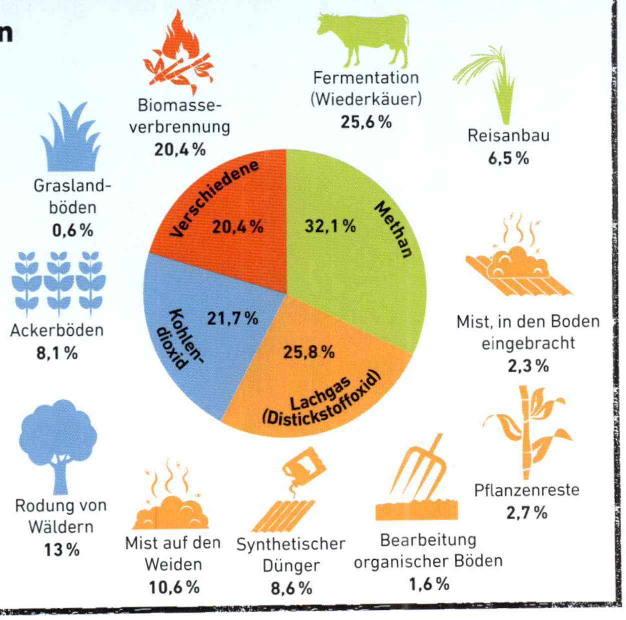

EINE **FLÄCHE** VON DER GRÖSSE **SCHWEDENS** WURDE SEIT DEN 1960ER-JAHREN IM

AMAZONAS-REGENWALD

FÜR WEIDEN **GERODET.**

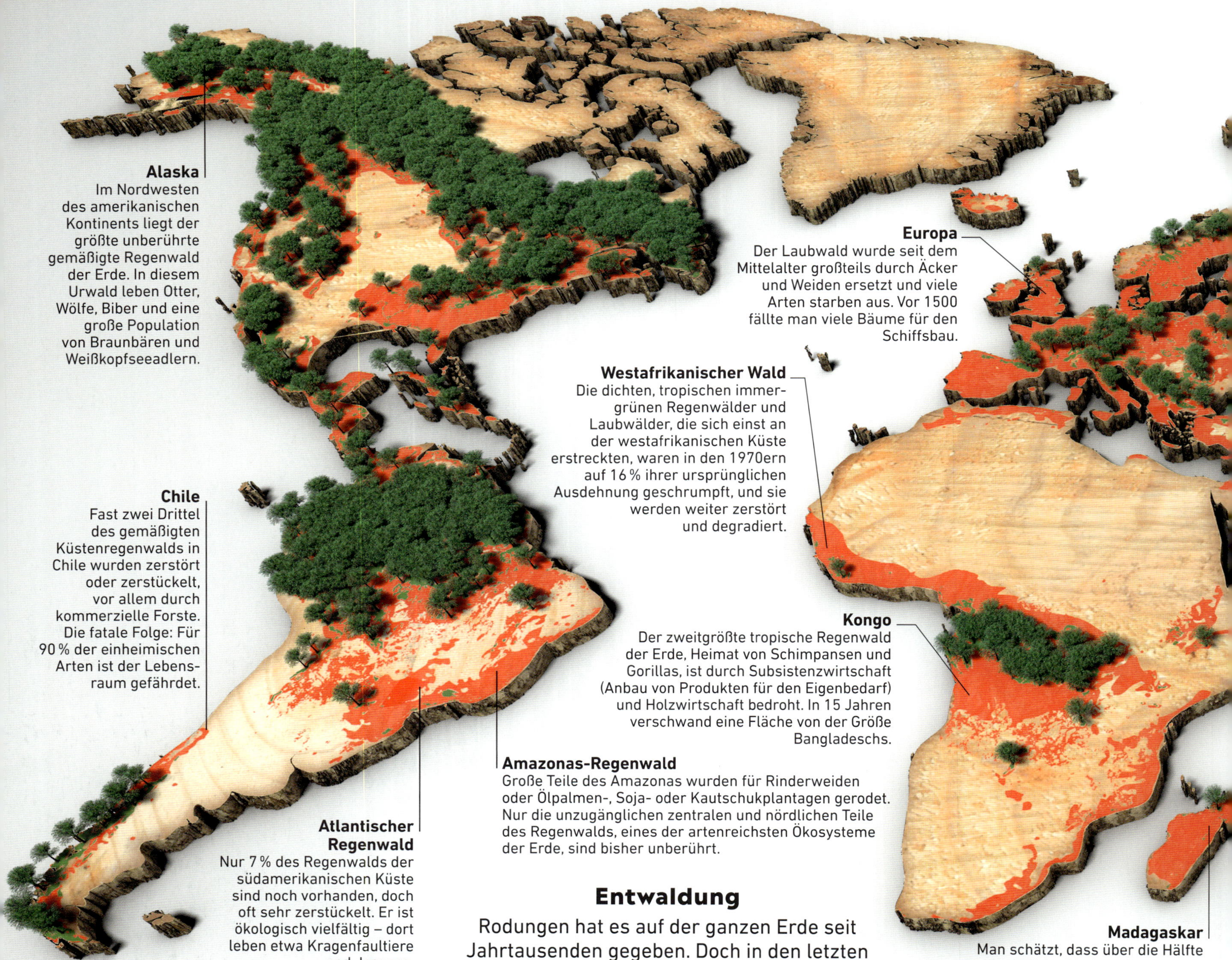

Alaska
Im Nordwesten des amerikanischen Kontinents liegt der größte unberührte gemäßigte Regenwald der Erde. In diesem Urwald leben Otter, Wölfe, Biber und eine große Population von Braunbären und Weißkopfseeadlern.

Europa
Der Laubwald wurde seit dem Mittelalter großteils durch Äcker und Weiden ersetzt und viele Arten starben aus. Vor 1500 fällte man viele Bäume für den Schiffsbau.

Westafrikanischer Wald
Die dichten, tropischen immergrünen Regenwälder und Laubwälder, die sich einst an der westafrikanischen Küste erstreckten, waren in den 1970ern auf 16 % ihrer ursprünglichen Ausdehnung geschrumpft, und sie werden weiter zerstört und degradiert.

Chile
Fast zwei Drittel des gemäßigten Küstenregenwalds in Chile wurden zerstört oder zerstückelt, vor allem durch kommerzielle Forste. Die fatale Folge: Für 90 % der einheimischen Arten ist der Lebensraum gefährdet.

Kongo
Der zweitgrößte tropische Regenwald der Erde, Heimat von Schimpansen und Gorillas, ist durch Subsistenzwirtschaft (Anbau von Produkten für den Eigenbedarf) und Holzwirtschaft bedroht. In 15 Jahren verschwand eine Fläche von der Größe Bangladeschs.

Amazonas-Regenwald
Große Teile des Amazonas wurden für Rinderweiden oder Ölpalmen-, Soja- oder Kautschukplantagen gerodet. Nur die unzugänglichen zentralen und nördlichen Teile des Regenwalds, eines der artenreichsten Ökosysteme der Erde, sind bisher unberührt.

Atlantischer Regenwald
Nur 7 % des Regenwalds der südamerikanischen Küste sind noch vorhanden, doch oft sehr zerstückelt. Er ist ökologisch vielfältig – dort leben etwa Kragenfaultiere und Jaguare.

Entwaldung

Rodungen hat es auf der ganzen Erde seit Jahrtausenden gegeben. Doch in den letzten Jahrzehnten hat der Waldverlust alarmierend zugenommen. Viele der größten noch vorhandenen Waldgebiete liegen in den Tropen, wo sie ständig von menschlichen Aktivitäten bedroht sind, oft für die Erzeugung von Exportprodukten.

Madagaskar
Man schätzt, dass über die Hälfte der Wälder Madagaskars in den letzten 70 Jahren gerodet wurden. Das hat enorme Folgen für die Tierarten der Insel, von denen einige nirgendwo sonst auf der Erde vorkommen.

Wälder **in Gefahr**

Wälder sind für das Klima der Erde essenziell. Man beschreibt sie als „Kohlenstoffsenken“, weil die Bäume Kohlendioxid aus der Luft aufnehmen. Aber die Wälder verschwinden schnell: 2011 war die Hälfte der ursprünglich auf der Erde vorhanden Wälder gerodet – vor allem für landwirtschaftliche Flächen.

37 % DES BEWOHNBAREN LANDS DER ERDE SIND **WALD.**

LEGENDE

Natürliche Urwälder mit alten Bäumen, die Kohlendioxid aus der Luft aufnehmen und speichern und so die Treibhausgase verringern

Frühere Waldgebiete, heute ein Mix aus zerteilten und bewirtschafteten Wäldern, Landwirtschaft und degradierten Flächen (Flächen, deren fruchtbare Böden ausgelaugt oder abgetragen wurden)

Für Wälder ungeeignete Regionen, die (etwa wegen des Klimas) niemals natürlich von Wald bedeckt waren

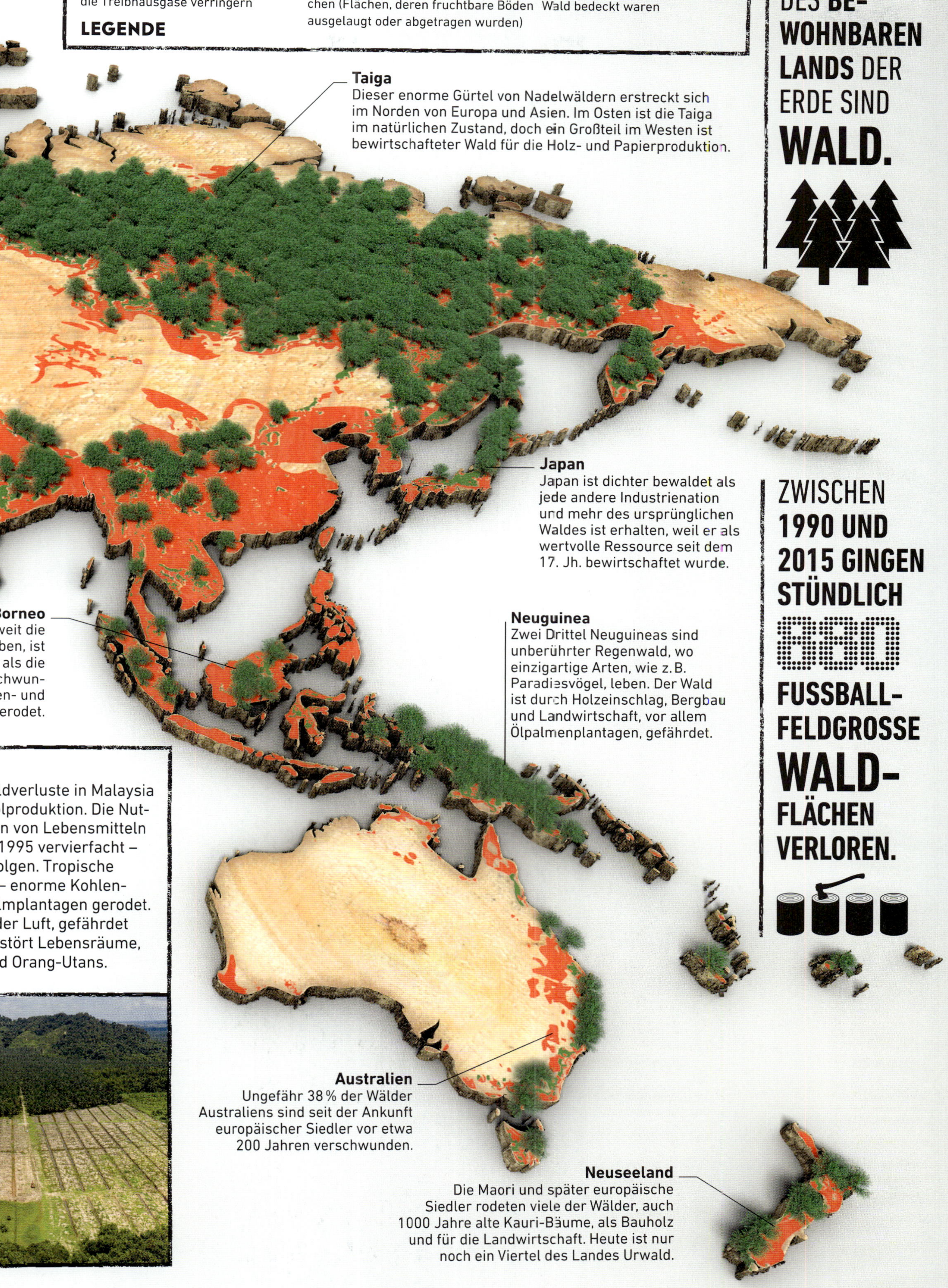

Taiga
Dieser enorme Gürtel von Nadelwäldern erstreckt sich im Norden von Europa und Asien. Im Osten ist die Taiga im natürlichen Zustand, doch ein Großteil im Westen ist bewirtschafteter Wald für die Holz- und Papierproduktion.

Japan
Japan ist dichter bewaldet als jede andere Industrienation und mehr des ursprünglichen Waldes ist erhalten, weil er als wertvolle Ressource seit dem 17. Jh. bewirtschaftet wurde.

Borneo
Auf Borneo, wo weltweit die meisten Orang-Utans leben, ist seit Mitte des 20. Jh. mehr als die Hälfte des Regenwalds verschwunden. Er wurde für Ölpalmen- und Kautschukplantagen gerodet.

Neuguinea
Zwei Drittel Neuguineas sind unberührter Regenwald, wo einzigartige Arten, wie z. B. Paradiesvögel, leben. Der Wald ist durch Holzeinschlag, Bergbau und Landwirtschaft, vor allem Ölpalmenplantagen, gefährdet.

Australien
Ungefähr 38 % der Wälder Australiens sind seit der Ankunft europäischer Siedler vor etwa 200 Jahren verschwunden.

Neuseeland
Die Maori und später europäische Siedler rodeten viele der Wälder, auch 1000 Jahre alte Kauri-Bäume, als Bauholz und für die Landwirtschaft. Heute ist nur noch ein Viertel des Landes Urwald.

Palmöl

Der wichtigste Grund für Waldverluste in Malaysia und Indonesien ist die Palmölproduktion. Die Nutzung von Palmöl in Produkten von Lebensmitteln bis hin zu Seife hat sich seit 1995 vervierfacht – mit katastrophalen Umweltfolgen. Tropische Regenwälder auf Torfböden – enorme Kohlenstoffsenken – werden für Palmplantagen gerodet. Dies erhöht den CO_2-Gehalt der Luft, gefährdet den Wasserhaushalt und zerstört Lebensräume, etwa von Sumatra-Tigern und Orang-Utans.

ZWISCHEN 1990 UND 2015 GINGEN STÜNDLICH 880 FUSSBALLFELDGROSSE **WALDFLÄCHEN** VERLOREN.

Zwischen 1990 und 2015 verlor Indonesien etwa ein Viertel seiner gesamten Waldflächen.

Zerstörung von Wäldern

In der indonesischen Provinz Papua wird tropischer Regenwald gerodet, um Ölpalmen zu pflanzen (S. 33). Die Frucht der Ölpalme wird ausgepresst, um Palmöl zu gewinnen, das weltweit meistkonsumierte Pflanzenöl – über 70 Mio. Tonnen werden jedes Jahr produziert und Indonesien ist der größte Produzent. Enorme Urwaldflächen werden jedes Jahr gerodet und durch riesige Plantagen ersetzt. Dabei werden Millionen Tonnen Kohlenstoff in die Atmosphäre abgegeben. Manche Wälder wachsen auf feuchtem Torfboden, der selbst unglaublich kohlenstoffreich ist. Wird er für die Ölplantagen entwässert, gelangen die im Boden gebundenen Treibhausgase in die Atmosphäre. Trotz staatlicher Maßnahmen schreitet die Entwaldung in Indonesien voran.

Straßenverkehr

Autos und Lastwagen fahren mit Benzin oder Diesel, die aus Öl, einem fossilen Brennstoff, produziert werden. Der Straßenverkehr trägt global über 10 % zu den CO_2-Emissionen bei. Nach Jahrzehnten hinter dem Steuer sind die Fahrgewohnheiten der Menschen nur schwer zu ändern.

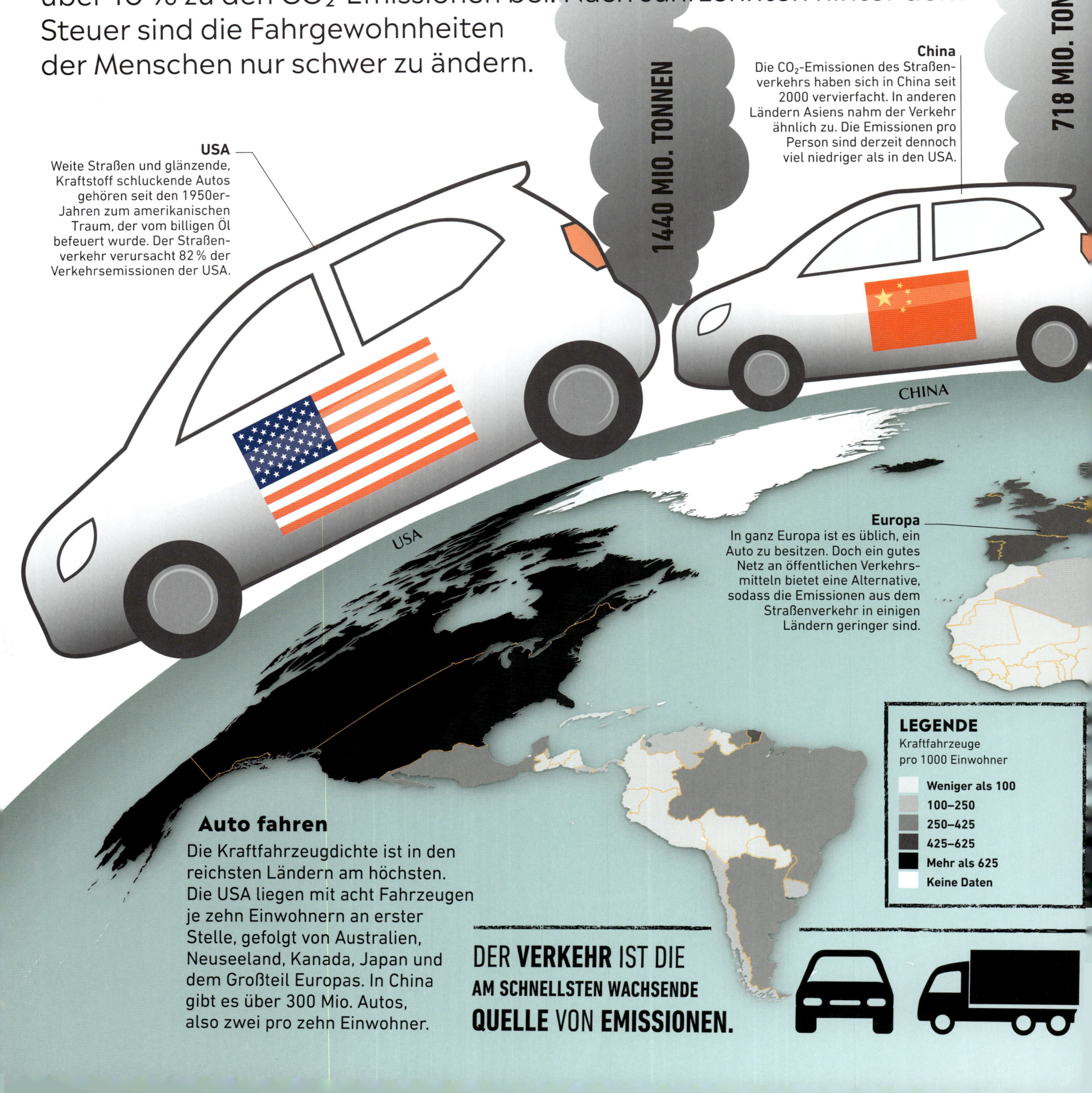

USA
Weite Straßen und glänzende, Kraftstoff schluckende Autos gehören seit den 1950er-Jahren zum amerikanischen Traum, der vom billigen Öl befeuert wurde. Der Straßenverkehr verursacht 82 % der Verkehrsemissionen der USA.

China
Die CO_2-Emissionen des Straßenverkehrs haben sich in China seit 2000 vervierfacht. In anderen Ländern Asiens nahm der Verkehr ähnlich zu. Die Emissionen pro Person sind derzeit dennoch viel niedriger als in den USA.

Europa
In ganz Europa ist es üblich, ein Auto zu besitzen. Doch ein gutes Netz an öffentlichen Verkehrsmitteln bietet eine Alternative, sodass die Emissionen aus dem Straßenverkehr in einigen Ländern geringer sind.

Auto fahren

Die Kraftfahrzeugdichte ist in den reichsten Ländern am höchsten. Die USA liegen mit acht Fahrzeugen je zehn Einwohnern an erster Stelle, gefolgt von Australien, Neuseeland, Kanada, Japan und dem Großteil Europas. In China gibt es über 300 Mio. Autos, also zwei pro zehn Einwohner.

DER **VERKEHR** IST DIE **AM SCHNELLSTEN WACHSENDE QUELLE** VON **EMISSIONEN.**

Fahrzeugemissionen

Weltweit trägt der Straßenverkehr fast drei Viertel der aus dem Verkehrssektor stammenden Emissionen von Kohlendioxid (CO_2) bei – doch einige Länder stoßen viel mehr aus als andere. Pkw sind für 60 % der Treibhausgasemissionen von der Straße verantwortlich, Lieferwagen und Lastwagen für den meisten Rest.

Wie soll ich reisen?

Motorisierte Verkehrsmittel, egal ob für den Urlaub und die Freizeit, den Alltag oder die Arbeit, tragen unterschiedlich stark zu unserem Treibhausgas-Fußabdruck bei. Man kann vergleichen, wie viel Kohlendioxid (CO_2) für eine Reise mit dem Flugzeug, dem Auto oder der Bahn entsteht. Jemand, der z. B. auf einer der verkehrsreichsten Strecken Europas (von Paris nach Toulouse) fliegt, ist für 28-mal so viel CO_2 verantwortlich wie jemand, der die Bahn nimmt. Ein Fahrer, der allein mit dem Auto fährt, ist für dreimal so viel CO_2 verantwortlich wie jemand, der als Mitfahrer das Auto mit drei weiteren Personen teilt.

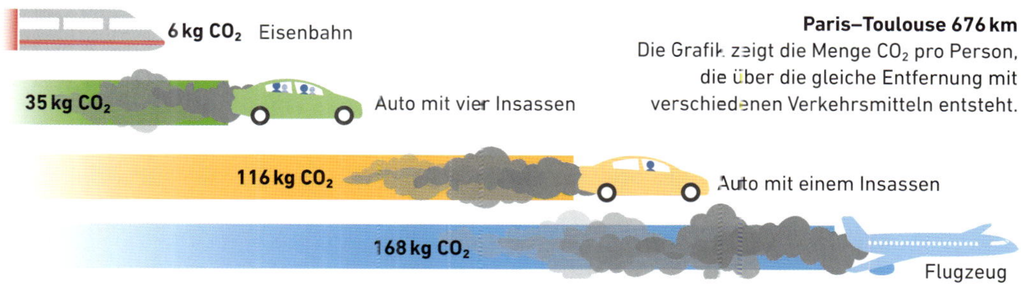

Paris–Toulouse 676 km
Die Grafik zeigt die Menge CO_2 pro Person, die über die gleiche Entfernung mit verschiedenen Verkehrsmitteln entsteht.

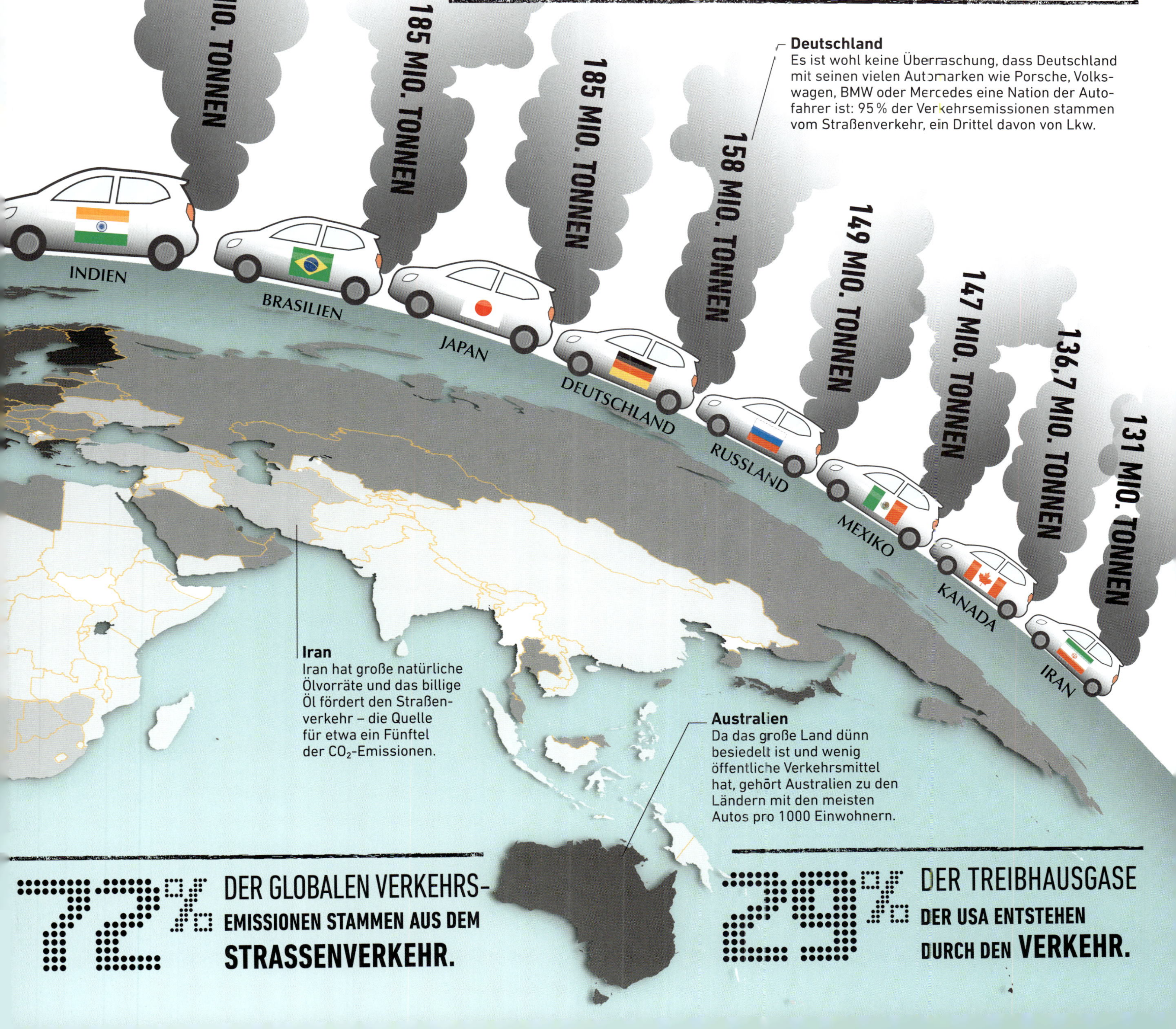

Deutschland
Es ist wohl keine Überraschung, dass Deutschland mit seinen vielen Automarken wie Porsche, Volkswagen, BMW oder Mercedes eine Nation der Autofahrer ist: 95 % der Verkehrsemissionen stammen vom Straßenverkehr, ein Drittel davon von Lkw.

Iran
Iran hat große natürliche Ölvorräte und das billige Öl fördert den Straßenverkehr – die Quelle für etwa ein Fünftel der CO_2-Emissionen.

Australien
Da das große Land dünn besiedelt ist und wenig öffentliche Verkehrsmittel hat, gehört Australien zu den Ländern mit den meisten Autos pro 1000 Einwohnern.

72 % DER GLOBALEN VERKEHRS-EMISSIONEN STAMMEN AUS DEM **STRASSENVERKEHR.**

29 % DER TREIBHAUSGASE DER USA ENTSTEHEN DURCH DEN **VERKEHR.**

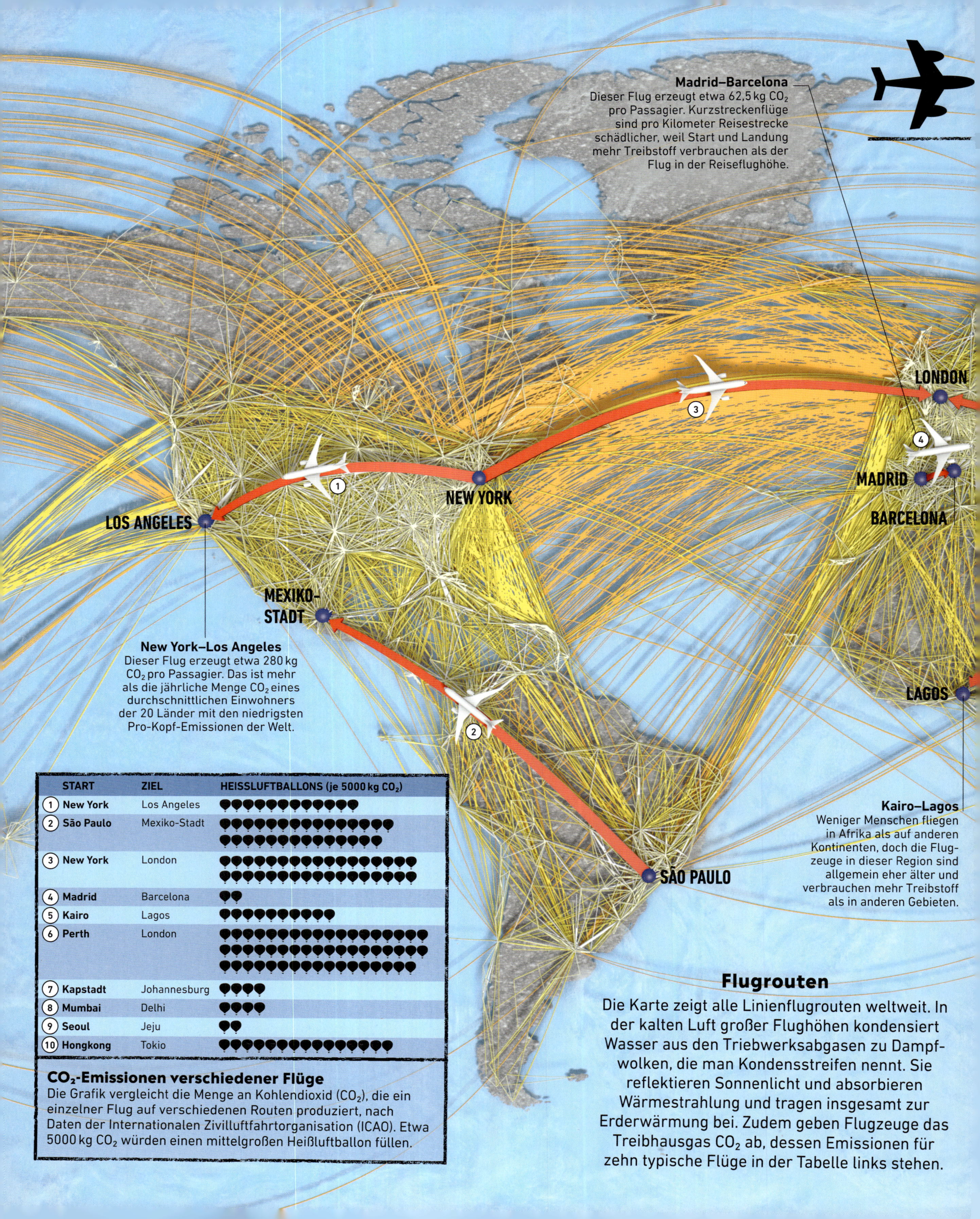

Madrid–Barcelona
Dieser Flug erzeugt etwa 62,5 kg CO_2 pro Passagier. Kurzstreckenflüge sind pro Kilometer Reisestrecke schädlicher, weil Start und Landung mehr Treibstoff verbrauchen als der Flug in der Reiseflughöhe.

New York–Los Angeles
Dieser Flug erzeugt etwa 280 kg CO_2 pro Passagier. Das ist mehr als die jährliche Menge CO_2 eines durchschnittlichen Einwohners der 20 Länder mit den niedrigsten Pro-Kopf-Emissionen der Welt.

Kairo–Lagos
Weniger Menschen fliegen in Afrika als auf anderen Kontinenten, doch die Flugzeuge in dieser Region sind allgemein eher älter und verbrauchen mehr Treibstoff als in anderen Gebieten.

	START	ZIEL	HEISSLUFTBALLONS (je 5000 kg CO_2)
1	**New York**	Los Angeles	12
2	**São Paulo**	Mexiko-Stadt	29
3	**New York**	London	34
4	**Madrid**	Barcelona	2
5	**Kairo**	Lagos	10
6	**Perth**	London	53
7	**Kapstadt**	Johannesburg	4
8	**Mumbai**	Delhi	4
9	**Seoul**	Jeju	2
10	**Hongkong**	Tokio	15

CO_2-Emissionen verschiedener Flüge

Die Grafik vergleicht die Menge an Kohlendioxid (CO_2), die ein einzelner Flug auf verschiedenen Routen produziert, nach Daten der Internationalen Zivilluftfahrtorganisation (ICAO). Etwa 5000 kg CO_2 würden einen mittelgroßen Heißluftballon füllen.

Flugrouten

Die Karte zeigt alle Linienflugrouten weltweit. In der kalten Luft großer Flughöhen kondensiert Wasser aus den Triebwerksabgasen zu Dampfwolken, die man Kondensstreifen nennt. Sie reflektieren Sonnenlicht und absorbieren Wärmestrahlung und tragen insgesamt zur Erderwärmung bei. Zudem geben Flugzeuge das Treibhausgas CO_2 ab, dessen Emissionen für zehn typische Flüge in der Tabelle links stehen.

4,3 **MILLIARDEN PASSAGIERE** FLOGEN **2018** UND FAST **38 MIO. FLÜGE** FANDEN STATT.

ALLEIN **2019** STAMMTEN **915 MIO. TONNEN CO_2** AUS DER **LUFTFAHRT.**

DIE ZUNAHME DER **FLÜGE** ZWISCHEN **2013** UND **2018** ERHÖHTE DIE **TREIBHAUSGASEMISSIONEN** UM **32%**

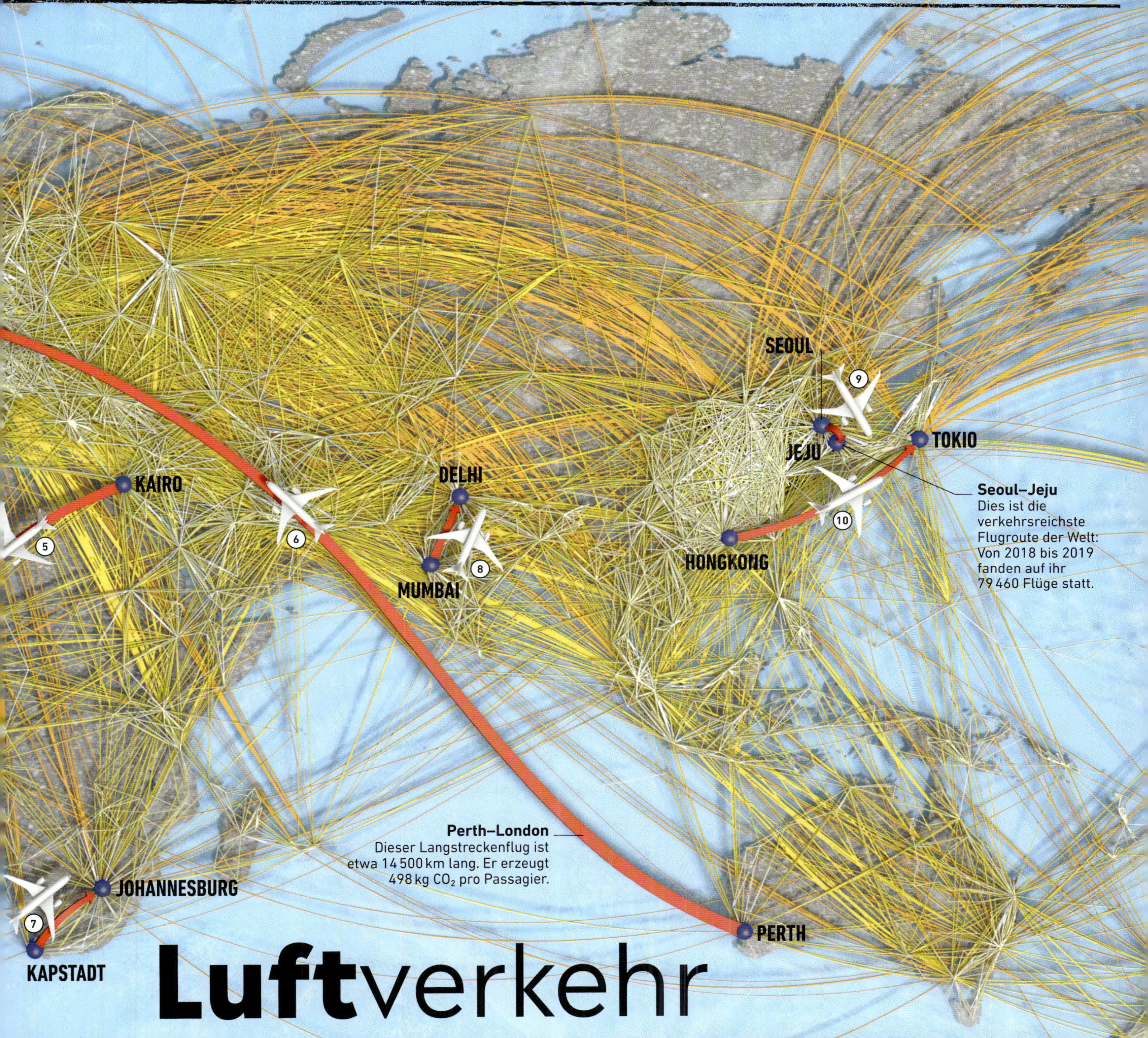

Luftverkehr

Weil der Wohlstand weltweit zugenommen hat, können sich immer mehr Menschen Flugreisen für den Beruf oder den Urlaub leisten. Im Jahr 2020 produzierte der Luftverkehr etwa 2 % der globalen Treibhausgasemissionen.*

* Zur Fertigstellung des Buches waren die Auswirkungen der Corona-Pandemie auf den Luftverkehr noch nicht in vollem Umfang bekannt und wurden deshalb hier nicht einkalkuliert.

Modetrends

Die Modeindustrie erzeugt große Mengen an Treibhausgasen (THGs). Weil sich Trends schnell ändern und Kleidung billig ist, kaufen die Verbraucher viel davon. Oft wird die Kleidung kaum getragen und bald weggeworfen. Dabei hinterlässt sie einen enormen CO_2-Fußabdruck.

10 % ALLER THGs ENTSTEHEN DURCH DIE MODEINDUSTRIE.

Ökobilanz von Jeans

Für eine Jeans werden insgesamt 11 kg THGs ausgestoßen. Die Karte zeigt ihre Reise um die Erde.

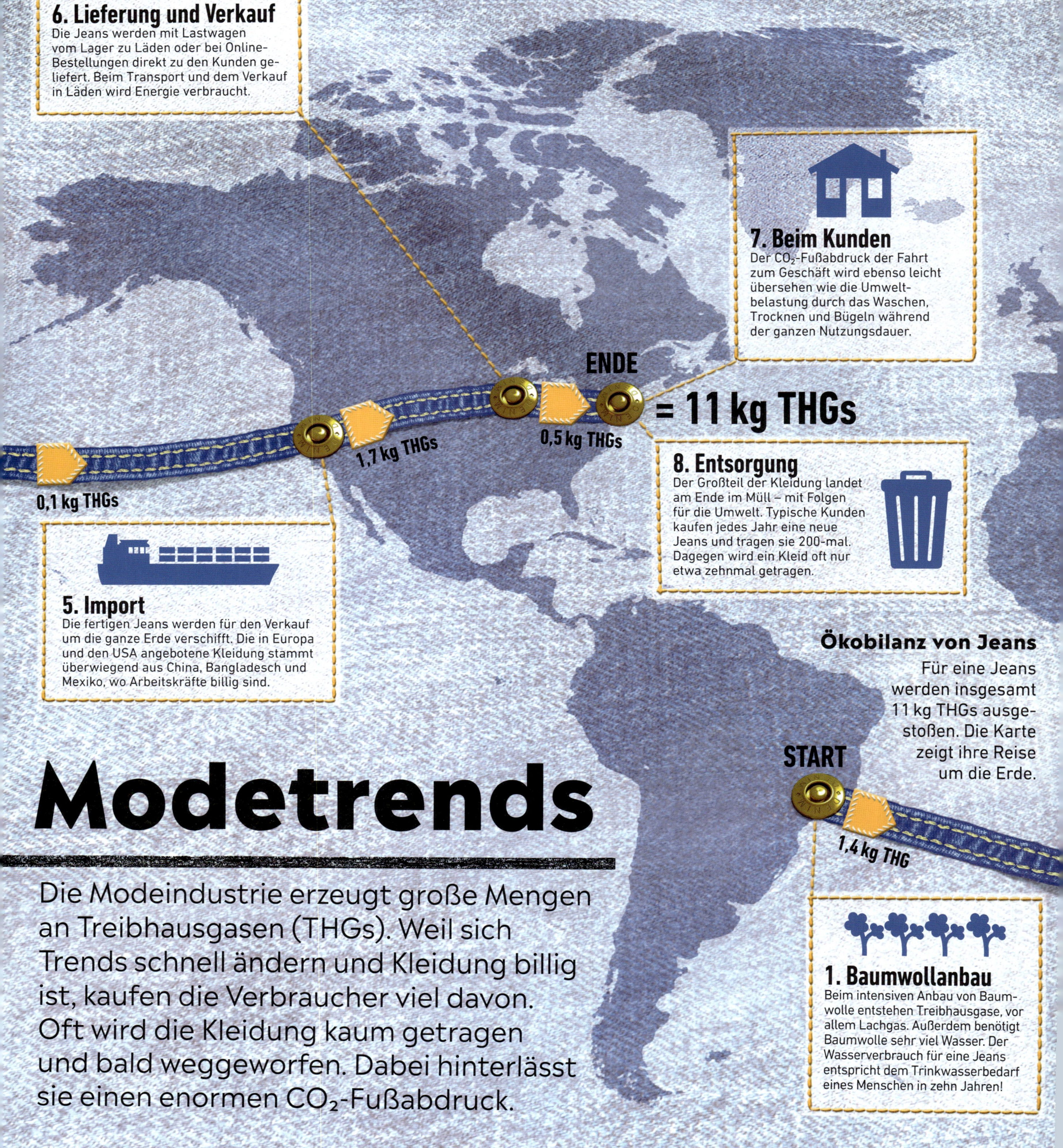

1. Baumwollanbau

Beim intensiven Anbau von Baumwolle entstehen Treibhausgase, vor allem Lachgas. Außerdem benötigt Baumwolle sehr viel Wasser. Der Wasserverbrauch für eine Jeans entspricht dem Trinkwasserbedarf eines Menschen in zehn Jahren!

5. Import

Die fertigen Jeans werden für den Verkauf um die ganze Erde verschifft. Die in Europa und den USA angebotene Kleidung stammt überwiegend aus China, Bangladesch und Mexiko, wo Arbeitskräfte billig sind.

6. Lieferung und Verkauf

Die Jeans werden mit Lastwagen vom Lager zu Läden oder bei Online-Bestellungen direkt zu den Kunden geliefert. Beim Transport und dem Verkauf in Läden wird Energie verbraucht.

7. Beim Kunden

Der CO_2-Fußabdruck der Fahrt zum Geschäft wird ebenso leicht übersehen wie die Umweltbelastung durch das Waschen, Trocknen und Bügeln während der ganzen Nutzungsdauer.

8. Entsorgung

Der Großteil der Kleidung landet am Ende im Müll – mit Folgen für die Umwelt. Typische Kunden kaufen jedes Jahr eine neue Jeans und tragen sie 200-mal. Dagegen wird ein Kleid oft nur etwa zehnmal getragen.

85 % DER **ALTKLEIDER** LANDEN IM **MÜLL** ODER WERDEN **VERBRANNT.**

JEDES JAHR ENTFALLEN IN **DEUTSCHLAND** **800000** TONNEN **THGs** AUF DIE **MODE-HERSTELLUNG.**

LEGENDE
Die Karte zeigt die ausgestoßenen Treibhausgase (in kg CO_2-Äquivalenten) für eine Jeans in allen Schritten von der Herstellung bis zur Entsorgung.

Abschnitt im Lebenszyklus einer Jeans

Transport von Material bzw. Ware

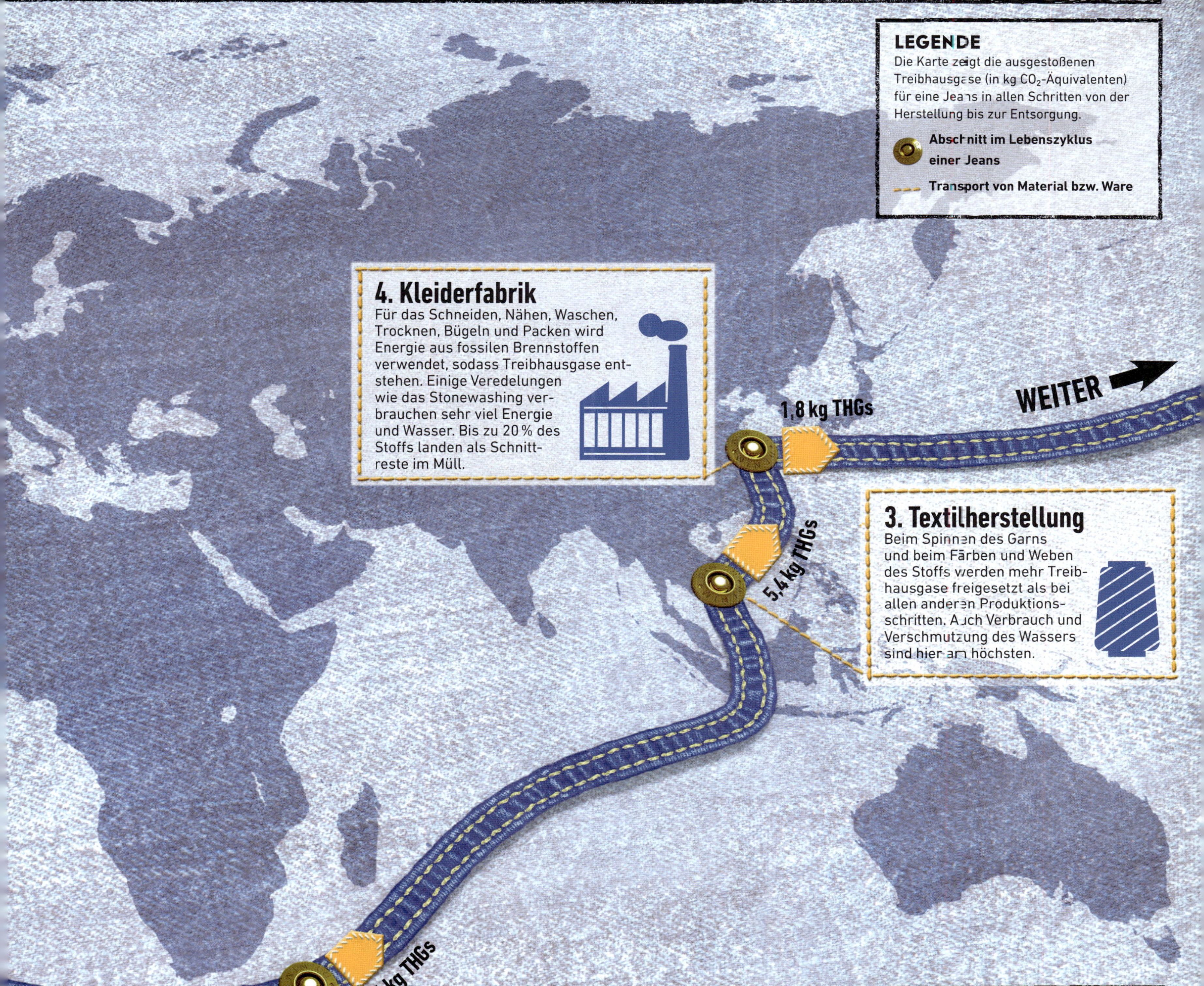

4. Kleiderfabrik

Für das Schneiden, Nähen, Waschen, Trocknen, Bügeln und Packen wird Energie aus fossilen Brennstoffen verwendet, sodass Treibhausgase entstehen. Einige Veredelungen wie das Stonewashing verbrauchen sehr viel Energie und Wasser. Bis zu 20 % des Stoffs landen als Schnittreste im Müll.

3. Textilherstellung

Beim Spinnen des Garns und beim Färben und Weben des Stoffs werden mehr Treibhausgase freigesetzt als bei allen anderen Produktionsschritten. Auch Verbrauch und Verschmutzung des Wassers sind hier am höchsten.

2. Baumwollexport

Der Transport der Rohbaumwolle von der Plantage zu den Fabriken trägt kaum zu den Emissionen bei und vergrößert den ökologischen Fußabdruck nur wenig.

Altkleider
Diese Altkleiderballen werden in einem Lager im Senegal sortiert. Etwa 15 % der Kleidung werden als Secondhandware wiederverwendet, zu anderen Produkten verarbeitet („Upcycling") oder recycelt. Der Rest landet auf Mülldeponien oder wird verbrannt. Naturfasern wie Baumwolle sind biologisch abbaubar. Dagegen zerfällt erdölbasiertes Polyester kaum, sodass Mikrofasern ins Wasser gelangen können. Beim Verbrennen entstehen außerdem Treibhausgase und Giftstoffe.

Folgen des Klimawandels

Wie wirkt sich **der Klimawandel auf die Erde aus?**

Der Klimanotstand hat Folgen für alle Bereiche der Erde – von den verbrannten Wüsten zu den eisigen Polen und von den Wolken hoch in der Atmosphäre bis in die Tiefen der Meere. Diese Umwelten ändern sich und damit auch das Leben aller Lebewesen auf unserem Planeten.

Steigende Temperaturen
Die mittlere globale Temperatur ist ein Maß für den Klimawandel. Diese Kurve zeigt, um wie viel Grad Celsius (°C) die mittlere Temperatur über dem langjährigen Durchschnitt vor dem Jahr 1900 liegt, wie viel sich die Erde also seit damals erwärmt hat.

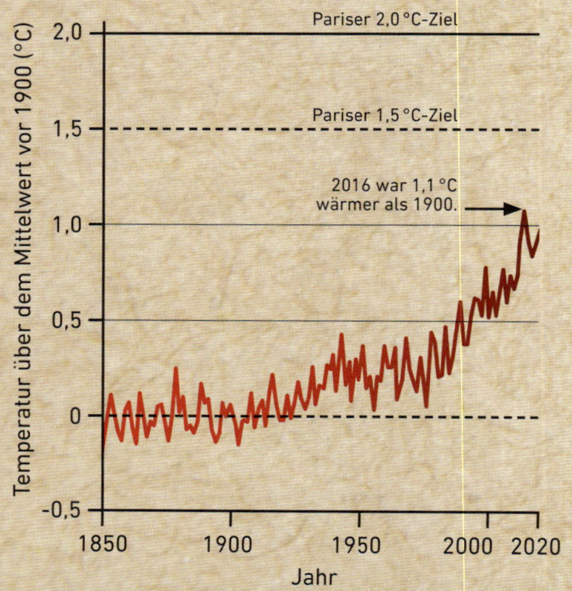

FOLGEN FÜR LEBEWESEN UND LEBENSRÄUME

Habitatverlust und Artensterben
Natürliche Lebensräume auf der ganzen Erde sind vom Klimawandel bedroht und die Vielfalt ist gefährdet, weil es Tier- und Pflanzenarten schwer haben, sich anzupassen.

Migration und Flucht
Infolge des Klimawandels verlassen Menschen ihre Heimat oder sogar ihr Land, um Überschwemmungen, Dürren oder anderen Extremen zu entkommen.

FOLGEN FÜR DIE UMWELT

Planet unter Druck
Die Erde wird nicht nur insgesamt wärmer, sondern das Klima verändert sich auf verschiedene Arten, die das Leben schwerer machen.

Andere Wettermuster
Veränderungen der Atmosphäre führen etwa zu veränderten Niederschlägen und Extremwetter wie Wirbelstürme werden häufiger.

Erwärmung des Landes
Landflächen sind wärmeren und trockeneren Verhältnissen ausgesetzt, sodass sie stärker durch Dürren und Wald- bzw. Steppenbrände gefährdet sind.

Erwärmung der Meere
Das Wasser wird wärmer und der Meeresspiegel steigt, was das Leben der Meerestiere und der Menschen an der Küste verändert.

Schmelzendes Eis
Schmelzende Gletscher und Eiskappen tragen zum Anstieg des Meeresspieges bei und die arktischen Meereisflächen schrumpfen.

Globale Erwärmung

Die direkte Folge der Zunahme von Treibhausgasen in der Atmosphäre ist ein Anstieg der Temperaturen. Diese sogenannte globale Erwärmung oder Erderwärmung führt zu Dürren, dem Schmelzen des Polareises und der Erwärmung der Meere. Auch extremes Wetter wird häufiger.

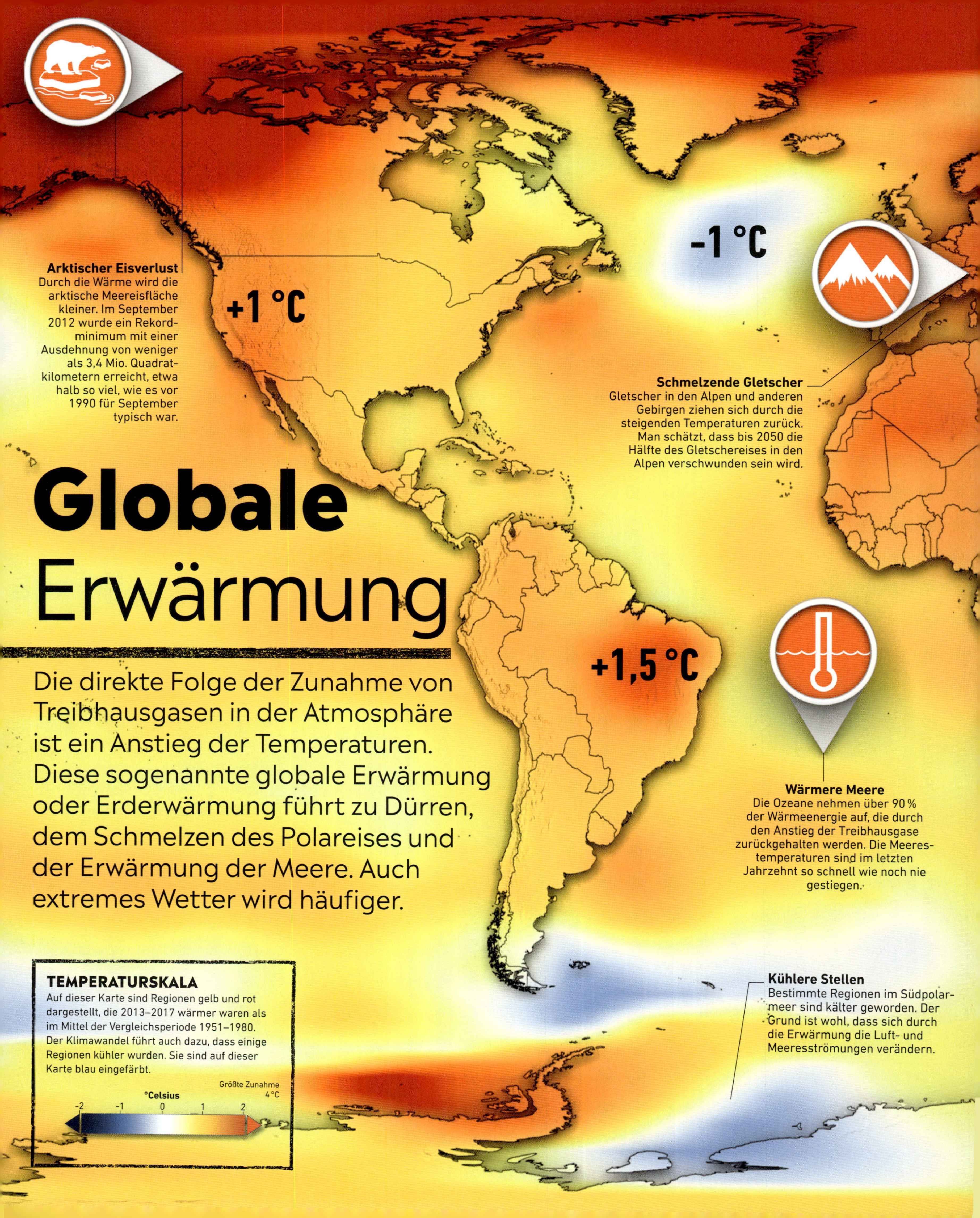

Arktischer Eisverlust
Durch die Wärme wird die arktische Meereisfläche kleiner. Im September 2012 wurde ein Rekordminimum mit einer Ausdehnung von weniger als 3,4 Mio. Quadratkilometern erreicht, etwa halb so viel, wie es vor 1990 für September typisch war.

Schmelzende Gletscher
Gletscher in den Alpen und anderen Gebirgen ziehen sich durch die steigenden Temperaturen zurück. Man schätzt, dass bis 2050 die Hälfte des Gletschereises in den Alpen verschwunden sein wird.

Wärmere Meere
Die Ozeane nehmen über 90 % der Wärmeenergie auf, die durch den Anstieg der Treibhausgase zurückgehalten werden. Die Meerestemperaturen sind im letzten Jahrzehnt so schnell wie noch nie gestiegen.

Kühlere Stellen
Bestimmte Regionen im Südpolarmeer sind kälter geworden. Der Grund ist wohl, dass sich durch die Erwärmung die Luft- und Meeresströmungen verändern.

TEMPERATURSKALA
Auf dieser Karte sind Regionen gelb und rot dargestellt, die 2013–2017 wärmer waren als im Mittel der Vergleichsperiode 1951–1980. Der Klimawandel führt auch dazu, dass einige Regionen kühler wurden. Sie sind auf dieser Karte blau eingefärbt.

Größte Zunahme 4 °C
°Celsius
-2 -1 0 1 2

+4 °C

+2 °C

Sibirien
Diese enorme Region erwärmt sich fast doppelt so schnell wie der globale Durchschnitt.

+1,5 °C

+1 °C

DIE MITTLERE GLOBALE TEMPERATUR WAR 2019 1,1 °C HÖHER ALS DIE MITTLERE TEMPERATUR IM ZEITRAUM 1850–1900.

Steigender Meeresspiegel
Der Meeresspiegel steigt, weil sich das Wasser durch die Erwärmung ausdehnt und mehr Wasser aus Gletschern hinzukommt. Das führt zu Überschwemmungen an einigen Küsten, etwa im Gangesdelta in Indien.

2020 STIEG DIE TEMPERATUR IN DER ANTARKTIS ERSTMALS ÜBER 20 °C.

Globale Temperaturen

Die Karte zeigt die Temperaturanomalie, d. h. die Abweichung vom Mittelwert der Vergleichsperiode 1951–1980, im Durchschnitt der fünf Jahre 2013–2017. Demnach ist die Temperatur in der Arktis viel stärker gestiegen als nahe des Äquators.

+1 °C

Extreme Temperaturen
Forscher haben festgestellt, dass 2010–2019 das bisher wärmste Jahrzehnt seit Beginn der Wettermessungen war. Allein 2019 wurden 396 Wetterrekorde auf der Nordhalbkugel gebrochen. Das Jahr war auch das wärmste je gemessene in Australien und Europa. Durch lokale Effekte wurde es in einigen Gebieten aber auch kühler. Die Abkühlung im Nordatlantik könnte auf den Einstrom von Schmelzwasser der Gletscher zurückgehen.

Buschbrände
In Australien trocknet das heiße Wetter die Vegetation aus, sodass Buschbrände häufiger und intensiver werden.

Extremwetter

In den vergangenen Jahrzehnten sind extreme Wetterlagen wie Hitzewellen, Sturzfluten und gewaltige Wirbelstürme weltweit immer häufiger geworden. Ihre Anzahl, Stärke und Verteilung deuten auf enorme Veränderungen im Klimasystem der Erde hin.

Weltweit wildes Wetter

Die Karte zeigt einige der extremsten Wetterereignisse des letzten Jahrzehnts, etwa Temperaturrekorde in vielen Ländern. Klimaforscher haben herausgefunden, dass die Wahrscheinlichkeit für viele dieser Ereignisse durch den Einfluss des Menschen deutlich gestiegen ist.

116 **EXTREME HITZEWELLEN** SEIT DEM JAHR **2000** GEHÖREN ZU DEN FOLGEN DES **KLIMAWANDELS.**

EXTREMWETTER-EREIGNISSE FÜHRTEN **2019** ZU KOSTEN VON ÜBER **100 MRD. EURO.**

Italien, 2019
Rekordmengen an Regen brachten die schlimmsten Überschwemmungen seit 50 Jahren.

Iran, 2019
In einer Provinz fielen 70 % der üblichen Jahresniederschläge an nur einem Tag.

China, 2018
In Peking fiel 145 Tage lang kein Regen – die längste regenfreie Zeit seit Beginn der Aufzeichnungen.

Beringstraße, 2018
Das Meereis schrumpfte im Winter auf seine geringste Ausdehnung seit Beginn der Aufzeichnungen um 1850.

Syrien, 2019
Schwere Regenfälle überschwemmten Flüchtlingslager.

Sibirien, 2019
Waldbrände zerstörten etwa 30 000 Quadratkilometer der Taiga.

Israel, 2019
Temperaturen erreichten in einer Rekordhitzewelle 49,9 °C.

Ägypten, 2015
Bei einer Hitzewelle verloren über 100 Menschen ihr Leben.

Vietnam, 2019
Die Temperatur stieg auf den Rekordwert von 43,4 °C.

Südkorea, 2018
Das Land litt unter der schlimmsten Hitzewelle seit 1973.

Taifun Hagibis, 2019
Der stärkste Taifun (pazifischer Wirbelsturm) in Japan seit sechs Jahrzehnten führte zu erheblichen Zerstörungen.

Ostafrika, 2019
Sturzfluten brachten starke Verwüstungen.

Ostafrika, 2011
Hohe Temperaturen und geringe Regenfälle führten zu verheerender Dürre.

Monsun, 2019
In Indien starben nach einer Rekordhitzewelle über 1600 Menschen bei den heftigsten Regenfällen seit 25 Jahren.

Zyklon Idai, 2019
Einer der tödlichsten Wirbelstürme der Geschichte tötete über 1300 Menschen.

Zyklon Kyarr, 2019
Er war einer der größten Wirbelstürme des Indischen Ozeans mit starkem Wind und Sturmfluten.

Indonesien, 2020
Nach Sturzfluten mussten Tausende Menschen ihre Häuser verlassen.

Ursachen von Extremwetter

Die Frage, ob ungewöhnliches Wetter eine Folge menschlicher Aktivitäten ist oder zufällig auftritt, ist nicht abschließend beantwortet. Wissenschaftler erforschen mithilfe von Computermodellen, wie sich Wetter und Klima ohne Treibhausgase entwickelt hätten. Durch den Vergleich der Modelle mit den tatsächlichen Wetterdaten (etwa Bildern aus dem Weltraum wie rechts) können sie mögliche Ursachen ermitteln.

Australien, 2020
Eine Rekordhitzewelle führte zu enormen Buschbränden auf einer Fläche von über 187 000 Quadratkilometern.

1500 MENSCHEN **STARBEN** 2019 IN **FRANKREICH** INFOLGE DER **EUROPÄISCHEN HITZEWELLE.**

DAS ARKTISCHE **MEEREIS** HAT SEIT BEGINN DER **SATELLITENDATEN** 1979 IM SOMMER UM **40 %** ABGENOMMEN.

60 **METER STEIGT** DER **MEERESSPIEGEL,** WENN DAS **GESAMTE EIS** DER **ANTARKTIS SCHMILZT.**

Ausgedehnte Meereisbedeckung
Das sommerliche Minimum der Meereisausdehnung betrug 1980 etwa 7,9 Mio. Quadratkilometer. Ein Großteil des Eises war auch viel dickeres mehrjähriges Eis, das über mehrere Jahre hinweg gewachsen war.

Schnellere Abnahme
2000 hatte das Minimum der Meereisausdehnung etwa 6,4 Mio. Quadratkilometer erreicht. Die sommerliche Größe der Eisfläche begann in den 1990er-Jahren immer schneller zu schrumpfen, weil sich das Klima schneller änderte.

Arktisches Meereis

Die Karte zeigt die geringste Meereisausdehnung (also die Gebiete, die mindestens zu 15 % mit Eis bedeckt sind) für 1980, 2000 und 2019. Neues Eis bildet sich im Winter und schmilzt im Sommer, sodass es die geringste Ausdehnung immer im September besitzt.

Abnehmendes **Polareis**

Die Arktis – die Region um das überwiegend eisbedeckte Nordpolarmeer – erwärmt sich schneller als der Rest des Planeten. Der Rückgang des Meereises gefährdet das Tierleben und die Lebensgrundlage der dort lebenden Menschen. In Grönland und in der Antarktis sind außerdem enorme Eiskappen auf dem Land gefährdet, bei deren Schmelze der Meeresspiegel steigt.

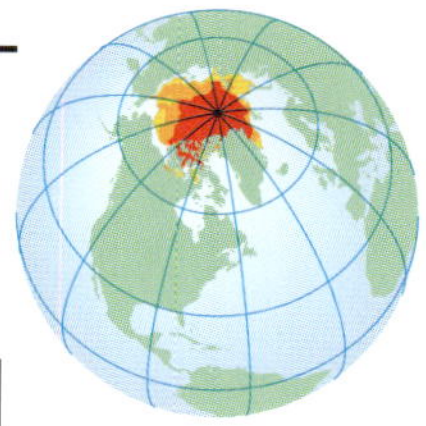

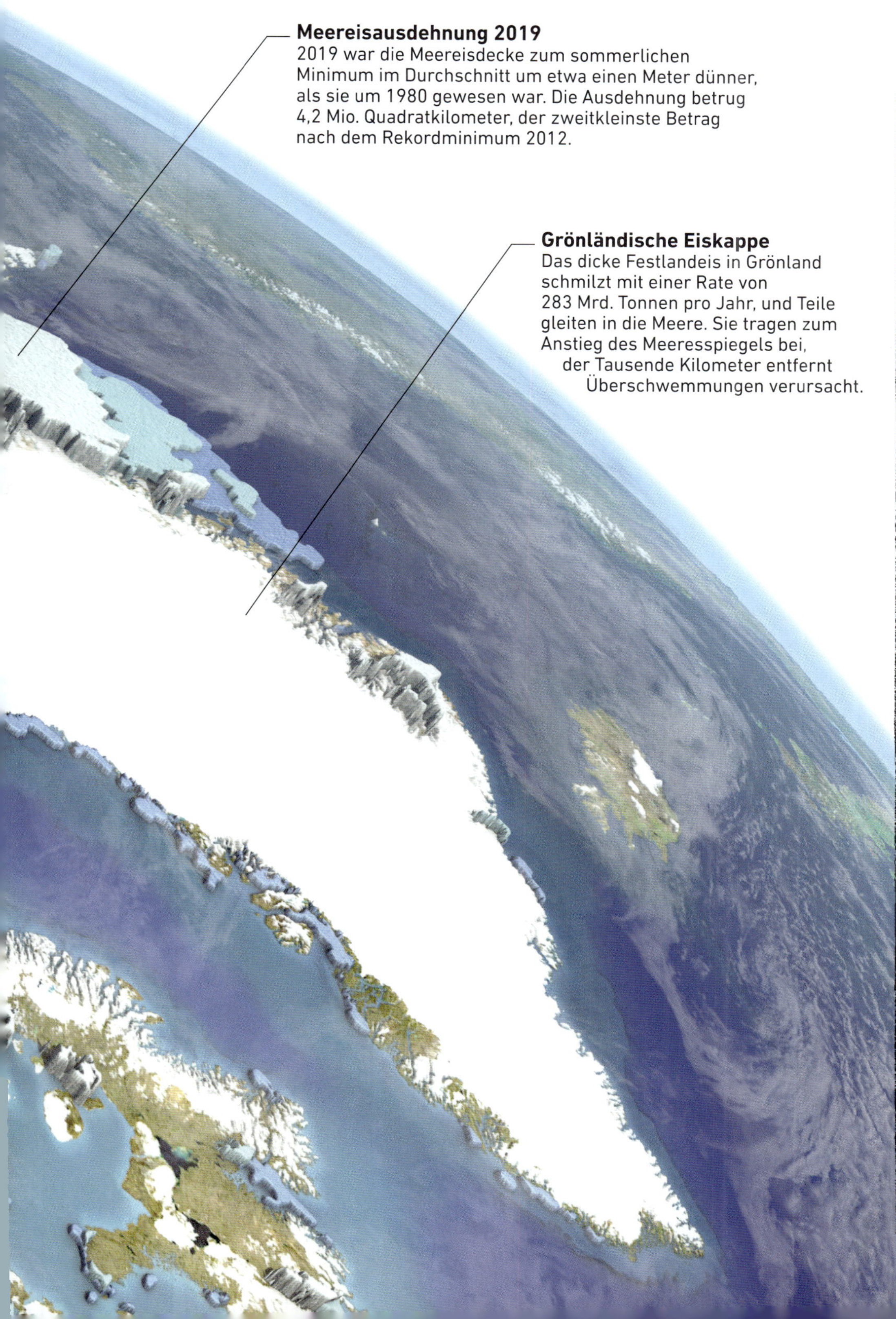

Meereisausdehnung 2019
2019 war die Meereisdecke zum sommerlichen Minimum im Durchschnitt um etwa einen Meter dünner, als sie um 1980 gewesen war. Die Ausdehnung betrug 4,2 Mio. Quadratkilometer, der zweitkleinste Betrag nach dem Rekordminimum 2012.

Grönländische Eiskappe
Das dicke Festlandeis in Grönland schmilzt mit einer Rate von 283 Mrd. Tonnen pro Jahr, und Teile gleiten in die Meere. Sie tragen zum Anstieg des Meeresspiegels bei, der Tausende Kilometer entfernt Überschwemmungen verursacht.

Arktische Verstärkung
Dass sich die Arktis schneller erwärmt als andere Regionen, liegt teils an der Wechselwirkung zwischen dem Sonnenlicht, dem Eis und den Meeren. Das weiße Eis reflektiert Sonnenlicht, aber wenn es schmilzt, liegt das sehr dunkle Meerwasser offen (wie man im Bild sieht), das einen größeren Anteil der Sonnenenergie absorbiert und so die Erwärmung verstärkt.

Antarktika
Wie die Arktis erwärmt sich auch die Antarktis, aber das Meereis im umgebenden Südpolarmeer wächst, statt abzunehmen. Der Grund dafür sind wohl Veränderungen in den Luft- und Meeresströmungen. Doch das meiste Eis der Antarktis liegt als enorme Eiskappe auf dem Land und seine Masse nimmt um 145 Mrd. Tonnen jedes Jahr ab.

An dem Tag, als dieses Foto gemacht wurde, schmolzen in Grönland über 2 Mrd. Tonnen Eis.

Schmelzendes Eis
Auf der Inglefield Bredning, einem Fjord in Grönland, ziehen Huskys einen Schlitten mit Klimatologen des Dänischen Meteorologischen Instituts durch knöchelhohes Wasser. Zuvor war die Oberfläche der Meereisdecke durch ungewöhnlich warme Temperaturen geschmolzen. Das dicke Meereis bildet sich in dem Fjord jedes Jahr im Winter und schmilzt in den Sommermonaten Juli und August wieder. Durch das ungewöhnlich warme Wetter in Grönland und der ganzen Arktis kam die Eisschmelze im Jahr 2019 aber viel früher als sonst. Am 12. Juni, dem Tag vor diesem Foto, lag die Temperatur um mehr als 22 °C über dem für die Jahreszeit normalen Wert.

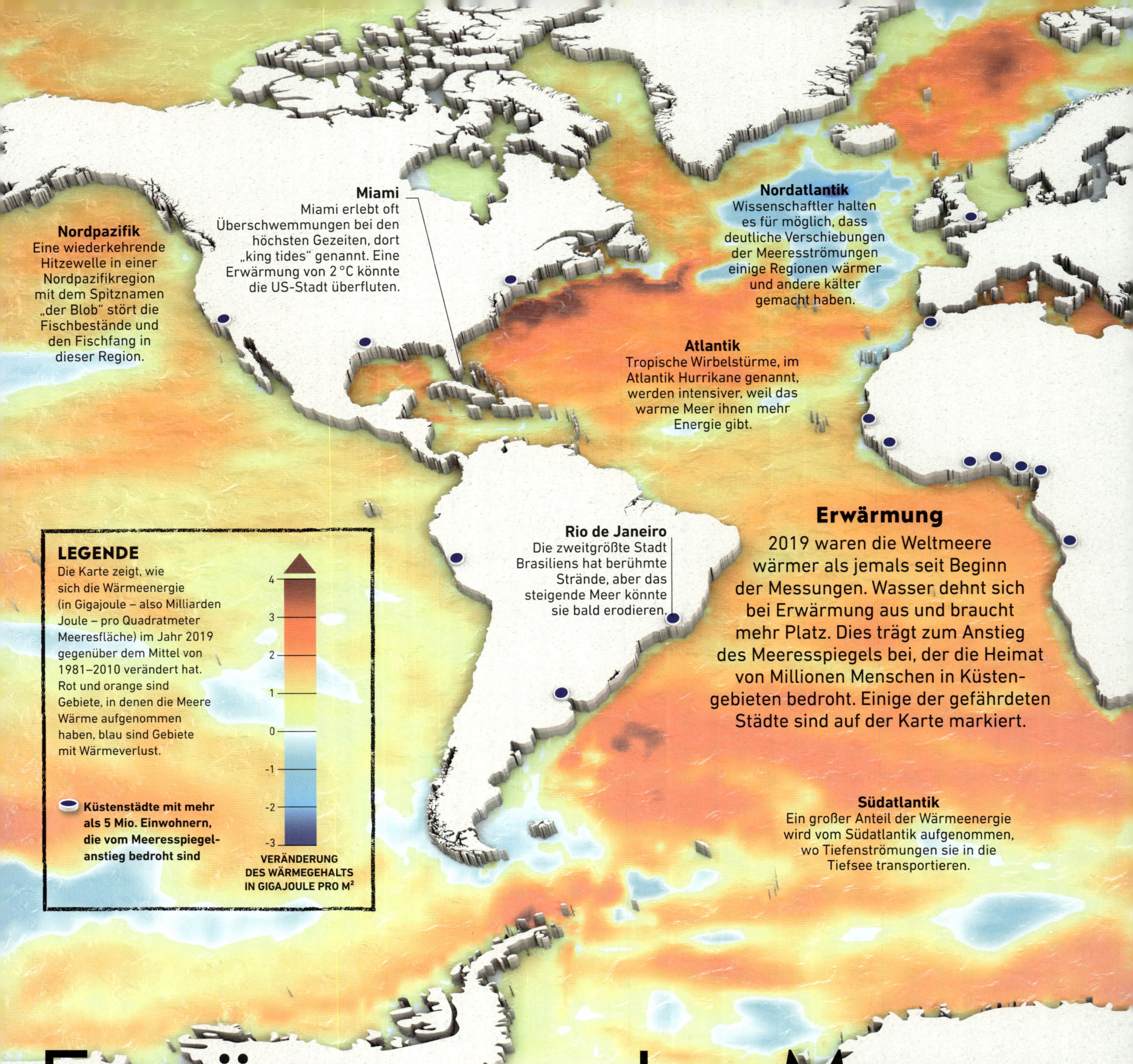

Erwärmung der **Meere**

Der Anstieg der Treibhausgase erwärmt die Erde und 90 % der zusätzlichen Wärme werden vom Meer absorbiert. Die Ozeane können enorme Energiemengen aufnehmen, wobei ihre Temperatur nur relativ wenig steigt, aber diese Erwärmung lässt den Meeresspiegel steigen und gefährdet empfindliche Ökosysteme.

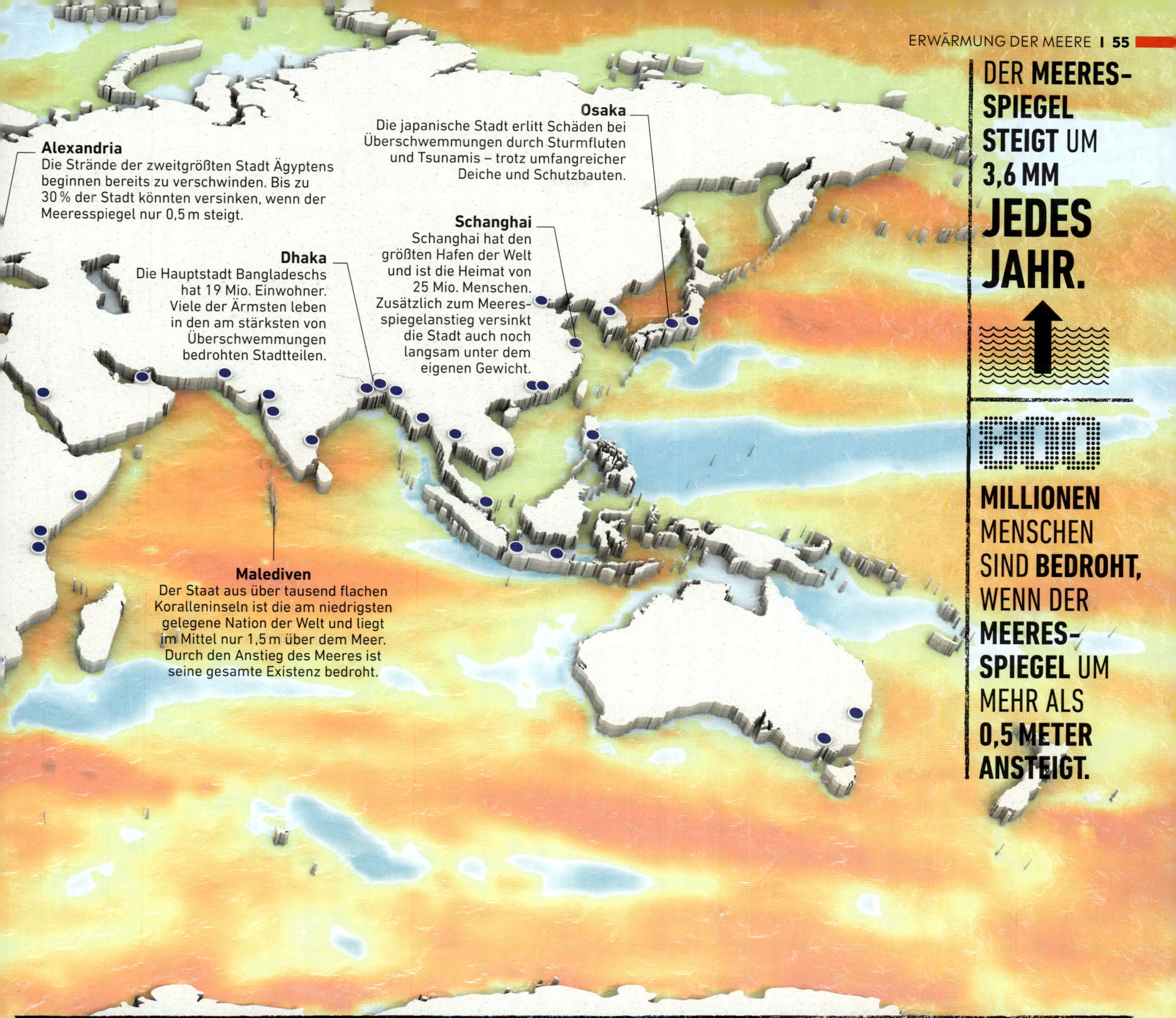

Meeresspiegelanstieg
Der Meeresspiegel steigt, weil sich das Meerwasser durch die Erwärmung ausdehnt. Zudem schmelzen Eiskappen und Gletscher an Land und geben Wasser ins Meer ab. Auch wenn wir die Emissionen drastisch reduzieren, wird bei einer Erwärmung um 1,5 °C der Meeresspiegel bis 2100 um 0,7 m ansteigen, sodass sich Küsten verlagern und flache Inseln wie die Malediven (oben) gefährdet sind.

Korallenbleiche
Die Erwärmung der Meere hat drastische Folgen für Korallenriffe. Viele Korallen enthalten Algen, die Nährstoffe liefern und den Korallen Farbe geben. Wird das Wasser zu warm, stoßen die Korallen die Algen aus und werden weiß. Diese sogenannte Korallenbleiche schwächt die Korallen und sie können sterben. Die Hälfte des Great Barrier Reefs vor Australien wurde 2016 bei einer Hitzewelle geschädigt.

Meerwasserversauerung
Meerwasser nimmt Kohlendioxid (CO_2) aus der Luft auf, wobei Kohlensäure entsteht. Mit zunehmendem CO_2-Gehalt wird das Wasser also saurer. Viele Meeresorganismen haben Schalen aus Kalk, die Versauerung macht deren Bildung schwieriger. Viele der gefährdeten Tiere, wie die winzige Schnecke im Bild oben, gehören zum Plankton, von dem die gesamten Nahrungsketten der Meere abhängen.

Niederschlagsmuster

Die Karte zeigt den Unterschied der mittleren Tagesniederschläge zwischen 1980–2000 und 2001–2020. Im Allgemeinen werden trockene Gebiete noch trockener, feuchte Gebiete noch feuchter und Regenfälle werden heftiger.

Dürren (USA)
Hitzewellen und geringe Regenmengen führten 2010–2013 zu Dürren in vielen Teilen der USA. Diese wirkten sich auf die Ernten und Lebensmittelpreise aus.

Atlantischer Ozean
Durch die höheren Temperaturen enthält die Luft mehr Wasserdampf und es ist mehr Energie für die Bildung von Wirbelstürmen über dem Meer vorhanden.

Dürren (Subsahara)
Geringere Niederschläge in Afrika südlich der Sahara gefährden die Ernten und führen zu Wasserknappheit in einer Region, in der die Bevölkerung schnell wächst.

Starkregen (Südamerika)
Ungewöhnlich intensive Niederschläge, die zu Sturzfluten und Hangrutschen führen, werden in tropischen Ländern wie Kolumbien, Brasilien und Peru häufiger.

Starkregen (Westafrika)
In Kinshasa (Demokratische Republik Kongo) zerstörten 2019 Sturzfluten und Hangrutsche Brücken, Straßen und Häuser.

Extremer **Regen**

Der Klimawandel hat weltweit Niederschlagsmuster verändert. Während einige Gebiete trockener sind, kommt es in anderen zu Sturzfluten. Der Wandel fand in den letzten 20-40 Jahren so schnell statt, dass man kaum Zeit hatte, sich anzupassen.

Desertifikation
Durch die Abnahme der Niederschläge werden manche fruchtbare Gebiete arid (trocken). Dieser Vorgang heißt Desertifikation. Trockenländer wie in Ostafrika (oben) stellen etwa 40 % der Landfläche der Erde dar und das dürfte noch zunehmen. Die meisten liegen in Entwicklungsländern, die stark vom Regenfeldbau abhängig sind.

6–8 MILLIARDEN **EURO** KOSTEN **WELTWEIT** DIE SCHÄDEN DURCH **DÜRREN JEDES JAHR.**

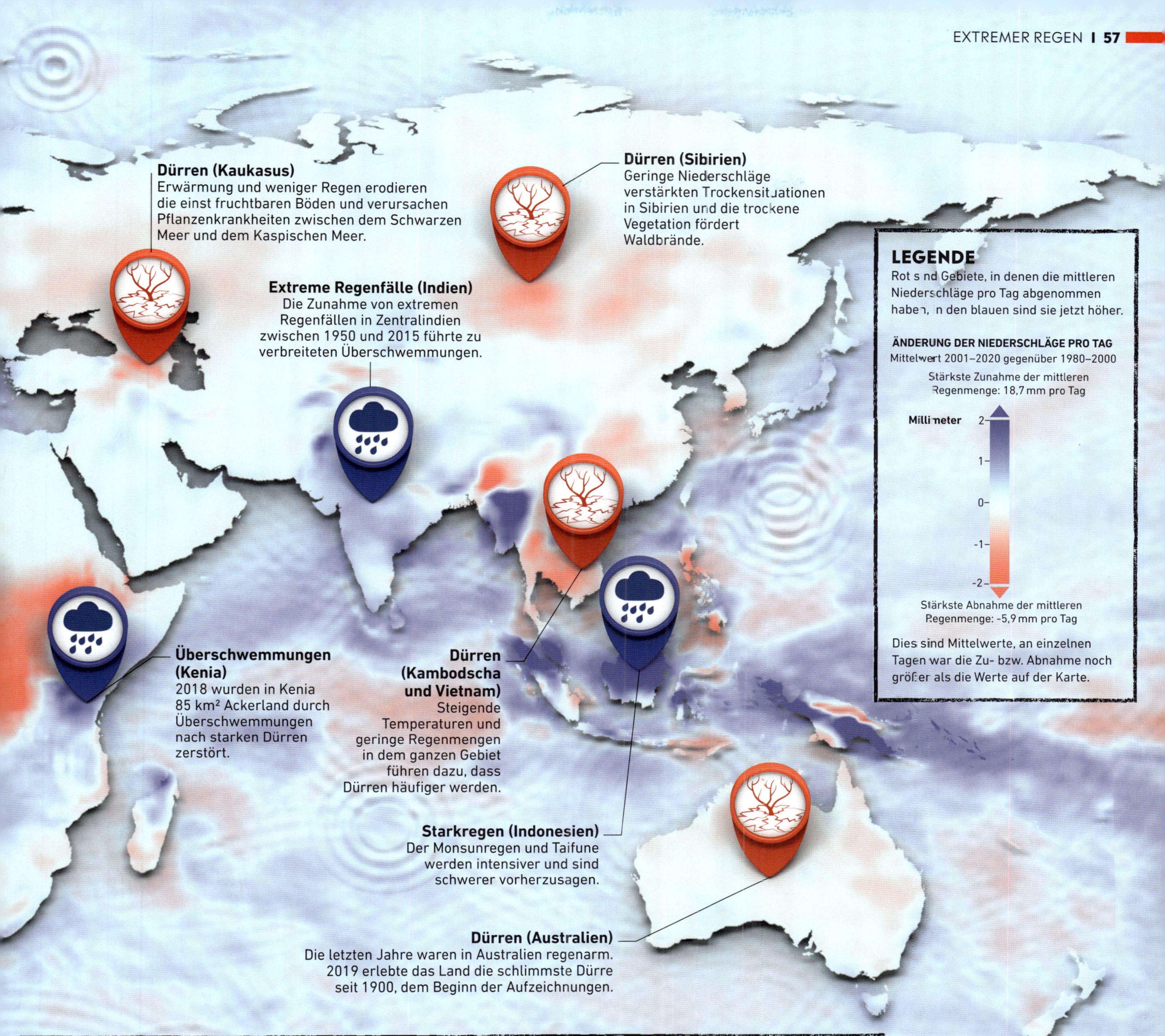

Sturzregen und Überschwemmungen

Die Erderwärmung führt zu intensiven Regenfällen, vor allem in den Tropen. Warme Luft kann mehr Wasserdampf aufnehmen, sodass größere Regenmengen möglich sind. Überschwemmungen und Sturzfluten durch sintflutartige Regenfälle zerstören nicht nur Gebäude und Straßen, sondern führen auch zu Missernten und Bodenerosion (im Bild rechts in Indien). Die Versorgung leidet vor allem in Gemeinschaften, in denen Nahrung ohnehin knapp ist.

IN DEN **MEISTEN TEILEN DER WELT** WERDEN HEFTIGE **REGENFÄLLE** BIS **2100** UM **16–24 %** ZUNEHMEN.

3 MILLIARDEN MENSCHEN LEBEN IN REGIONEN MIT **WASSERKNAPPHEIT.**

34

MENSCHEN VERLOREN 2019–2020 IM FEUER IHR **LEBEN.**

6000

HÄUSER **WURDEN ZERSTÖRT.**

Eine Rekordhitzewelle führte 2019 nach einem Jahr geringer Niederschläge zu Australiens bisher schlimmster Dürre. Die Temperaturen lagen mindestens 1,5 °C über dem Durchschnitt, und es fielen nur 278 mm Regen, also 40 % weniger als in einem typischen Jahr. Es gibt überwältigende Belege, dass die Dürre, die die Brände ermöglichte, eine Folge des Klimawandels war.

Unkontrollierbare Brände zerstörten in ganz Australien Häuser und forderten Menschenleben. Sie brannten am heftigsten im dicht besiedelten Südosten, wo sie sich der Hauptstadt Canberra näherten (oben). Erstickende Rauchwolken legten sich über Städte und Hunderte Siedlungen wurden evakuiert. Die Hitze war teils so unglaublich, dass die Feuerwehr nicht an die Brände herankam.

Australische Tiere wie Kängurus und Koalas wurden weltweit in den Medien gezeigt, als ihre Lebensräume zerstört wurden. Doch das waren nur einige wenige von Hunderten Millionen Wild-, Haus- und Nutztieren, die im Feuer umkamen. Überlebende Tiere waren durch den enormen Mangel an Nahrung und Wasser oft stark unterernährt.

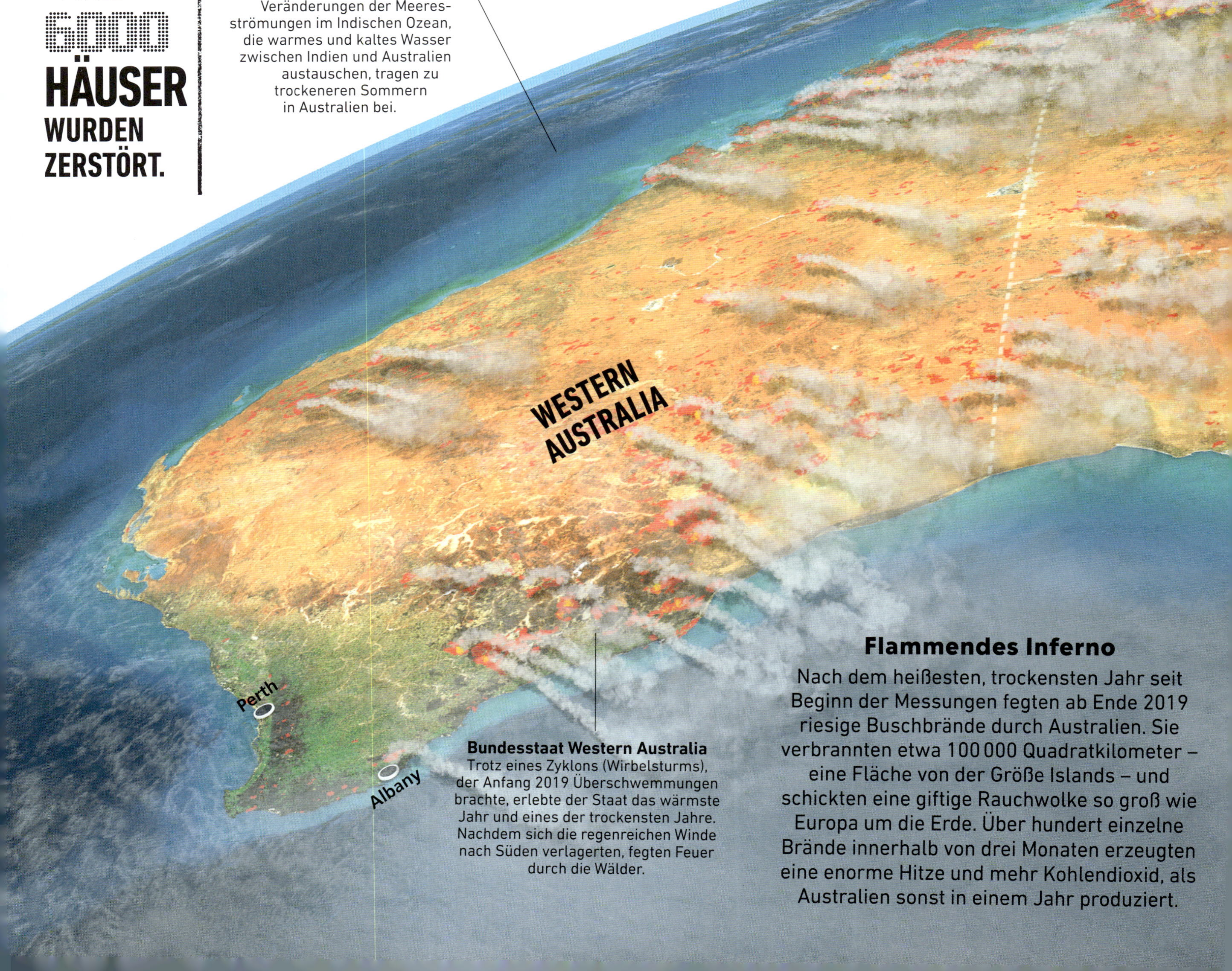

Indischer Ozean
Veränderungen der Meeresströmungen im Indischen Ozean, die warmes und kaltes Wasser zwischen Indien und Australien austauschen, tragen zu trockeneren Sommern in Australien bei.

Bundesstaat Western Australia
Trotz eines Zyklons (Wirbelsturms), der Anfang 2019 Überschwemmungen brachte, erlebte der Staat das wärmste Jahr und eines der trockensten Jahre. Nachdem sich die regenreichen Winde nach Süden verlagerten, fegten Feuer durch die Wälder.

Flammendes Inferno

Nach dem heißesten, trockensten Jahr seit Beginn der Messungen fegten ab Ende 2019 riesige Buschbrände durch Australien. Sie verbrannten etwa 100 000 Quadratkilometer – eine Fläche von der Größe Islands – und schickten eine giftige Rauchwolke so groß wie Europa um die Erde. Über hundert einzelne Brände innerhalb von drei Monaten erzeugten eine enorme Hitze und mehr Kohlendioxid, als Australien sonst in einem Jahr produziert.

Australische **Buschfeuer**

Buschfeuer sind ein natürliches Phänomen Australiens, doch 2020 fegten enorme Brände durch das Land, die über 20 % der Wälder zerstörten. Klimaforscher führen ihre Intensität auf das heißere, trockenere Wetter aufgrund des Klimawandels zurück.

Nördliches Queensland
Dank kräftigen Regens an der tropischen Küste von Queensland im Frühjahr 2019 konnte die Feuerwehr Buschland kontrolliert abbrennen, um aufkommenden Bränden das Brennmaterial zu nehmen. Doch als es im Dezember zu Rekordtemperaturen (47,7 °C in Birdsville) kam, brachen in den Staatswäldern dennoch Brände aus.

Känguru-Insel
Zwei Menschen und bis zu 25 000 Koalas starben, als das Feuer diese Insel im Staat South Australia verwüstete. Es ist nicht bekannt, ob bedrohte Arten wie die Schmalfuß-Beutelmäuse überlebt haben.

Tasmanien
Tasmanien erlebte die höchsten je gemessenen Temperaturen mit Werten von über 40 °C an mehreren Tagen. Die von starken Winden geförderten Feuer zerstörten 3000 Jahre alte Huon-Bäume.

Südostaustralien
Trockene Blitze entzündeten die verdorrten Wälder in den am stärksten betroffenen Staaten New South Wales und Victoria. Nach regenarmen Vorjahren hatten Brandschützer keine kontrollierten Brände legen können, um Feuerschneisen zu schaffen. Tausende Menschen wurden evakuiert und enorme Urwaldflächen verbrannten. Dabei starben bis zu eine Milliarde Vögel, Reptilien und Säugetiere. In Sydney, Melbourne und Canberra war die rauchige Luft kaum zu atmen.

Bedrohte **Tierwelt**

Klimawandel und Extremwetter haben erhebliche Folgen für die natürlichen Lebensräume und die Artenvielfalt – von den Eisbären auf dem schrumpfenden Polareis bis hin zu den Tieren in den von Bränden zerstörten Wäldern. Der Klimawandel zwingt zudem Menschen und Tiere in eine Konkurrenz um knappere Ressourcen.

Gefährdete Vielfalt

Die Karte zeigt die Gebiete, in denen die Artenvielfalt durch den Klimawandel am stärksten bedroht ist. Erstaunliche 75 % der Umwelten an Land wurden durch menschliche Aktivitäten erheblich verändert, oft mit katastrophalen Folgen für Pflanzen und Tiere.

25 % DER BEKANNTEN **ARTEN** KÖNNTEN **VERSCHWINDEN.**

1 MILLION TIER- UND **PFLANZENARTEN** SIND VOM **AUSSTERBEN** BEDROHT.

Polarfuchs
Die lange wegen ihres Pelzes gejagten Polarfüchse vermehrten sich zunächst wieder, aber die steigenden Temperaturen und die Konkurrenz von Rotfüchsen verdrängen sie weiter nach Norden in die Tundra.

Bienenfresser
Dieser bunte Zugvogel hat seine Flugrouten verändert. Wegen der wärmeren Temperaturen und weil Feuchtgebiete als Rast- und Futterplätze geschrumpft sind, brütet er inzwischen weiter im Norden.

Sibirischer Tiger
Es gibt nur noch weniger als 600 Sibirische Tiger. Durch die Rodung von Korea-Kiefernwäldern sowie die längere, wärmere und trockenere Waldbrandsaison sind sie vom Aussterben bedroht.

LEGENDE

Rot sind die Gebiete, in denen eine große Zahl von Arten vom Aussterben bedroht ist, weil der Klimawandel und die Zerstörung von Lebensräumen empfindliche Ökosysteme stören.

Gefährdete Gebiete

Schneeleopard
Die wegen ihres Fells von Wilderei bedrohten Großkatzen werden nun auch von Schäfern gestört, die höher in die Hochebenen und Berge wandern, weil tiefer gelegene Grasländer austrocknen.

Großer Panda
Der Bambus, von dem sich der Panda ernährt, stirbt alle paar Jahre ab. Der Klimawandel treibt den Panda höher die Berghänge hinauf, wo neue Bambussprosse jedoch nicht immer schnell genug nachwachsen.

Anemonenfische
Korallenriffe, in denen Anemonenfische leben, sind durch die Erwärmung und die Meeresversauerung extrem bedroht. Diese Folgen des Klimawandels stören die Fortpflanzung des Fisches.

Spitzmaulnashorn
Die Spitzmaulnashörner Ostafrikas wurden bereits durch die Wilderei dezimiert. Jetzt drohen auch extreme Dürren mit Wasser- und Nahrungsmangel.

Katta
Der Lebensraum dieses Lemuren, die Trockenwälder Südmadagaskars, wird für Weideland gerodet. Der Primat ist von Dürren bedroht, da das Land trockener wird.

Borneo-Orang-Utan
Die Orang-Utans Borneos haben in den vergangenen 20 Jahren die Hälfte ihres Waldhabitats durch Holzwirtschaft und Palmölplantagen verloren. Der Waldverlust stört auch den Wasserhaushalt und erhöht das Dürren- und Brandrisiko.

Berggorilla
Die seltenen Menschenaffen werden durch veränderte Temperaturen und Regenmengen sowie das Vordringen des Menschen in höhere Berglagen verdrängt, wo Nahrung knapper ist und neue Krankheiten drohen.

Bürstenschwanz-Felskänguru
Die kleinen Beuteltiere sind durch die Buschbrände bedroht, die Australien verwüsten. Auch wenn sie das Feuer überleben, finden sie in der verbrannten Vegetation oft keine Nahrung.

Bedrohte Ökosysteme und Lebensräume

Tundra und Taiga Der Rückgang des Meereises und das Tauen von Permafrost gefährdet arktische Arten. Subarktische Arten dagegen gedeihen und breiten sich nach Norden aus.

Gemäßigte Wälder Laubwälder breiten sich weiter polwärts aus. Veränderungen der Niederschläge machen einige Wälder feuchter, andere trockener und stören Ökosysteme.

Tropische Regenwälder Steigende Temperaturen, geringere Niederschläge, ein trockenerer Boden und eine höhere Brandgefahr verändern die Waldökosysteme.

Gebirge Arten in Gipfelregionen sind durch schrumpfende Lebensräume gefährdet, denn bei steigenden Temperaturen werden sie von Arten aus tieferen Regionen verdrängt.

Grasländer Steigende Temperaturen ändern die Niederschläge und machen Dürren häufiger. Tiere müssen weite Strecken zurücklegen, um passende Verhältnisse zu finden.

Feuchtgebiete Gewässer im Binnenland trocknen aus, während das steigende Meer Feuchtgebiete an der Küste überschwemmt. Sie sind Brutgebiete und Rastplätze für Zugvögel.

2019 war das heißeste und trockenste Jahr in Australien: Es war 1,5 °C wärmer bei 40 % weniger Regen als im langjährigen Durchschnitt.

Verbrannte Erde
Ein Bauer bringt Futter zu Schafen auf einer trockenen, staubigen Koppel in New South Wales (Australien). Dürren sind für das Klima Australiens normal, aber die letzten Jahre waren besonders extrem. 2019 traten Rekordtemperaturen auf und die Regenmengen waren durchgängig niedrig, sodass die Dürre die schlimmste seit hundert Jahren war. Flüsse trockneten aus und Staubecken enthielten gefährlich wenig Wasser.
Die Trockenheit trug auch zu verheerenden Buschbränden bei, die 2019–2020 in weiten Landesteilen außer Kontrolle gerieten (S. 58–59). New South Wales war der am stärksten betroffene Staat mit einer Brandfläche von 50 000 Quadratkilometern und 2000 zerstörten Häusern.

Bedrohte Existenz

Jährlich sind Millionen Menschen durch klimatische Umstände gezwungen, ihre Häuser oder sogar ihre Heimat zu verlassen. Das können plötzliche Wetterereignisse wie Stürme sein oder eher graduelle Gefahren wie häufigere Dürren oder der steigende Meeresspiegel. Dieser Trend dürfte sich in Zukunft fortsetzen.

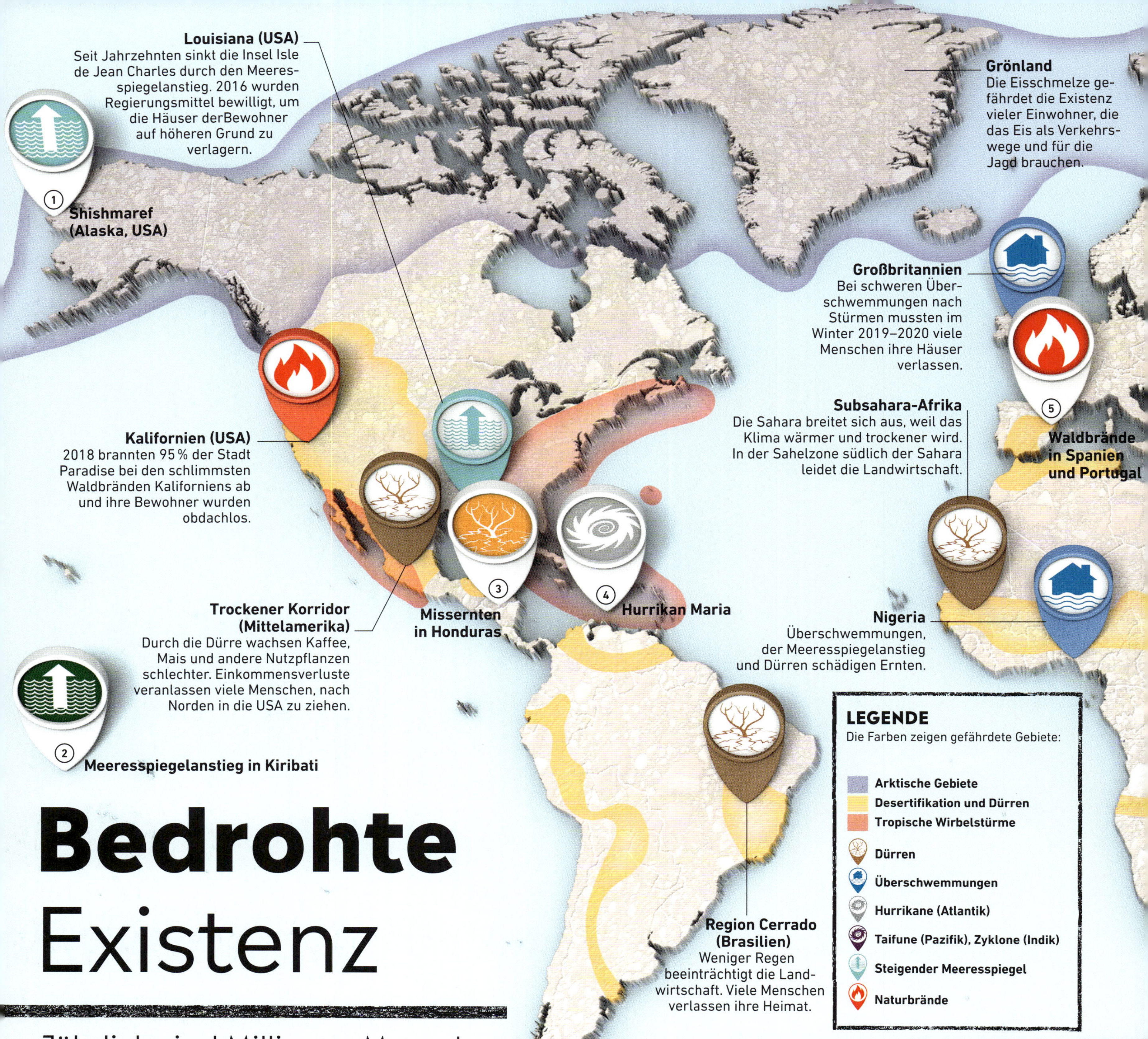

1. Shishmaref (Alaska, USA)
Durch den Rückgang des Meereises ist die Inupiat-Stadt stärker den Stürmen ausgesetzt. Sie steht auch auf Permafrost (dauernd gefrorenem Boden), der auftaut, was zu weiteren Schäden führt.

2. Meeresspiegelanstieg in Kiribati
Mit dem Anstieg des Meeresspiegels geht dieser dicht besiedelte Inselstaat unter. Ackerland wurde überschwemmt und verschmutzt, sodass Menschen aus Küstendörfern in die Städte ziehen müssen.

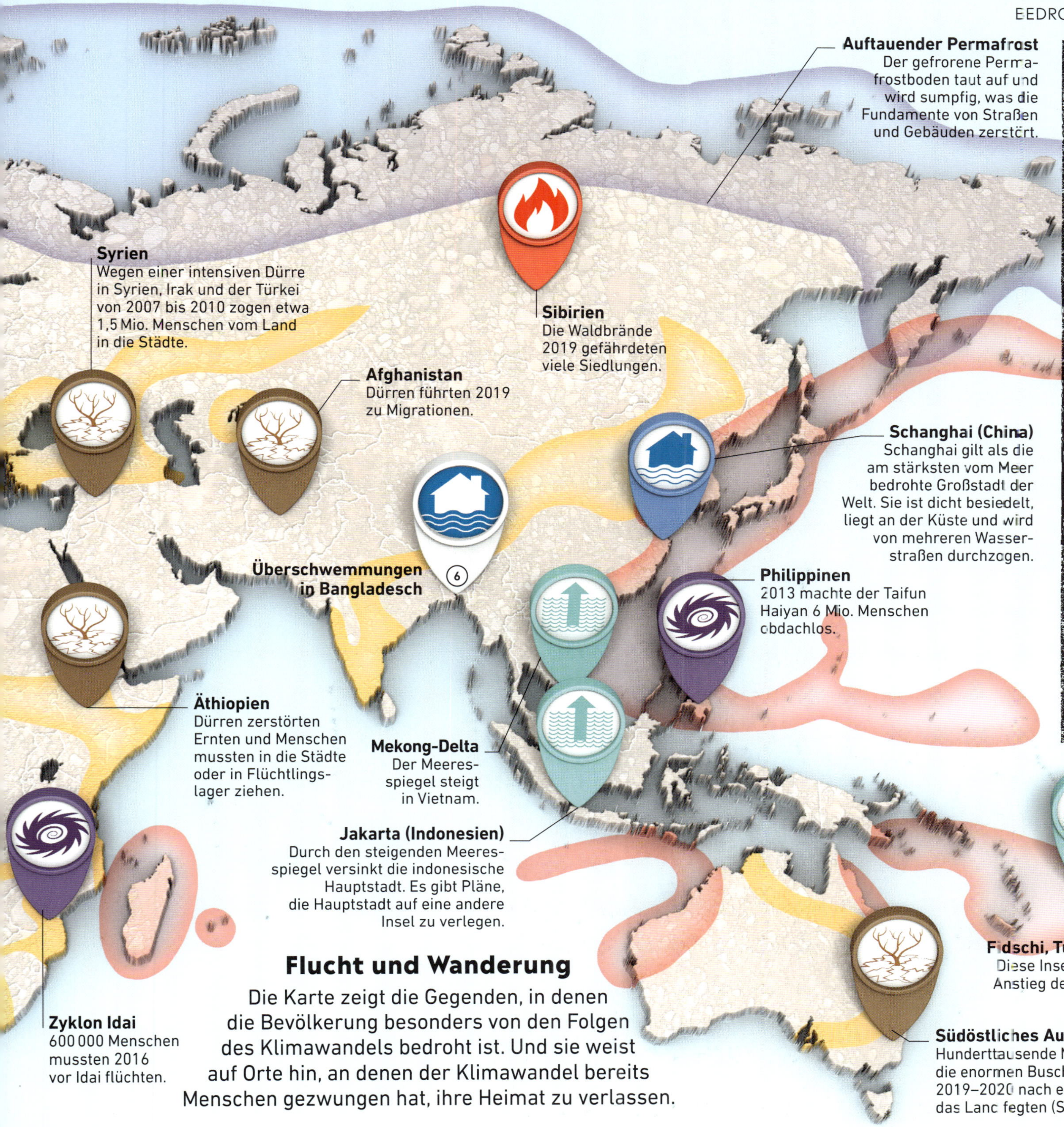

Auftauender Permafrost
Der gefrorene Permafrostboden taut auf und wird sumpfig, was die Fundamente von Straßen und Gebäuden zerstört.

Syrien
Wegen einer intensiven Dürre in Syrien, Irak und der Türkei von 2007 bis 2010 zogen etwa 1,5 Mio. Menschen vom Land in die Städte.

Sibirien
Die Waldbrände 2019 gefährdeten viele Siedlungen.

Afghanistan
Dürren führten 2019 zu Migrationen.

Schanghai (China)
Schanghai gilt als die am stärksten vom Meer bedrohte Großstadt der Welt. Sie ist dicht besiedelt, liegt an der Küste und wird von mehreren Wasserstraßen durchzogen.

Überschwemmungen in Bangladesch (6)

Philippinen
2013 machte der Taifun Haiyan 6 Mio. Menschen obdachlos.

Äthiopien
Dürren zerstörten Ernten und Menschen mussten in die Städte oder in Flüchtlingslager ziehen.

Mekong-Delta
Der Meeresspiegel steigt in Vietnam.

Jakarta (Indonesien)
Durch den steigenden Meeresspiegel versinkt die indonesische Hauptstadt. Es gibt Pläne, die Hauptstadt auf eine andere Insel zu verlegen.

Fidschi, Tuvalu und Samoa
Diese Inseln sind durch den Anstieg des Meeres bedroht.

Zyklon Idai
600 000 Menschen mussten 2016 vor Idai flüchten.

Südöstliches Australien
Hunderttausende Menschen wurden durch die enormen Buschbrände vertrieben, die 2019–2020 nach einer langen Dürre durch das Land fegten (S. 58–59).

Flucht und Wanderung

Die Karte zeigt die Gegenden, in denen die Bevölkerung besonders von den Folgen des Klimawandels bedroht ist. Und sie weist auf Orte hin, an denen der Klimawandel bereits Menschen gezwungen hat, ihre Heimat zu verlassen.

7 MIO. MENSCHEN **FLOHEN IN** DER ERSTEN **HÄLFTE 2019** VOR WETTER-EXTREMEN.

2015 LEBTEN **85%** DER VON NATUR-KATASTROPHEN **VERTRIEBENEN** MENSCHEN IN **ASIEN.**

3. Missernten in Honduras
Extreme Wettermuster in Honduras und anderen Ländern Mittelamerikas beeinträchtigen die Kaffee-Ernten. Starker Regen fördert Rostpilze (im Bild), doch bei Regenmangel verdorren die Pflanzen.

4. Hurrikan Maria
2017 kamen in dem tropischen Wirbelsturm mehr als 3000 Menschen um. Der Hurrikan führte auf den Karibikinseln Puerto Rico, Dominica und St. Croix zu schweren Schäden an Gebäuden und anderer Infrastruktur.

5. Waldbrände in Spanien und Portugal
2019 vernichteten Waldbrände in Spanien und Portugal Schaf- und Ziegenherden. Bauern mussten ihre Höfe aufgeben und in die Städte ziehen. Spanien hatte 2019 die größte Zahl heimatloser Menschen in Westeuropa.

6. Überschwemmungen in Bangladesch
Überschwemmungen nach Stürmen im Gangesdelta führten zu Massenmigration. Das Salzwasser hat Brunnen verschmutzt und Reisfelder unfruchtbar gemacht. Das Delta leidet auch unter dem Meeresspiegelanstieg.

Maßnahmen
zum Klimaschutz

Was können wir **gegen den Klimawandel tun?**

Um die Klimakrise aufzuhalten, müssen wir schnell alle Treibhausgasemissionen reduzieren. Regierungsinitiativen sind der Schlüssel, aber auch die Handlungen jedes Einzelnen spielen eine Rolle. Gesellschaften müssen sich auch an die Folgen des Klimawandels anpassen.

Unser Kohlenstoffbudget
Forscher haben berechnet, wie viel Kohlenstoff (aus fossilen Brennstoffen) wir noch bis 2050 verbrennen dürfen, um den mittleren globalen Temperaturanstieg unter 2 °C (gegenüber vorindustriellen Werten) zu halten.

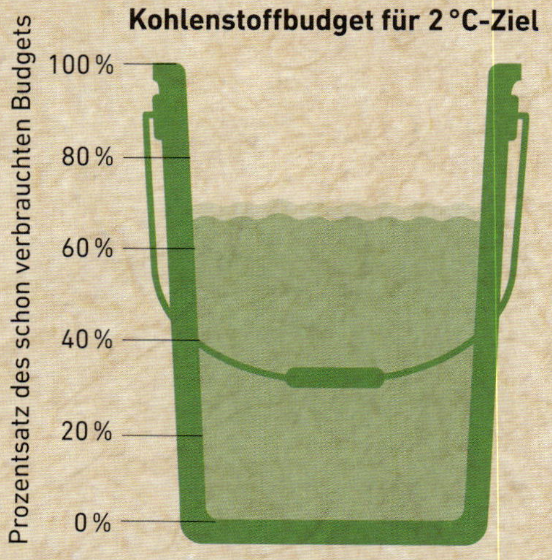

INDIVIDUELLES HANDELN

Gehör verschaffen
Mache Regierungen, Unternehmen und Schulen deutlich, wie wichtig dir der Klimawandel ist, indem du Umweltgruppen beitrittst und an Demos teilnimmst.

Emissionsarme Ernährung
Wenn wir die Ernährung umstellen und auf Nahrungsmittel wie z. B. Rindfleisch verzichten, deren Herstellung hohe Emissionen verursacht, wird die CO_2-Bilanz der Landwirtschaft besser.

Nachhaltiges Leben
Wir können im Alltag umweltfreundlicher handeln, etwa weniger kaufen, mehr wiederverwenden und emissionsarme Verkehrsmittel wählen.

HANDELN VON REGIERUNGEN

Erneuerbare Energien

Kohle- und Gaskraftwerke durch erneuerbare Energien wie Wind oder Sonne zu ersetzen, ist eine der wichtigsten Strategien, um Emissionen zu reduzieren.

Emissionen reduzieren

Wir alle müssen unseren Treibhausgas-Fußabdruck verringern. Zwar können wir individuell unser Leben umstellen, aber noch wichtiger ist, dass Regierungen stärker aktiv werden und den Übergang in eine CO_2-arme Zukunft vorantreiben.

Bäume pflanzen

Bäume sind weltweit ein Schlüssel, um CO_2 aus der Atmosphäre zu entfernen. Wir müssen die Entwaldung stoppen und neue Bäume pflanzen.

Nachhaltige Welt

Neue Wege zu planen, zu finanzieren und zu realisieren, wie Menschen ohne Treibhausgasemissionen leben, arbeiten und reisen können, ist für eine klimaneutrale Zukunft ausschlaggebend.

Anpassen

Gefährdete Länder und Gemeinschaften zu unterstützen, die bereits die Folgen des Klimawandels erfahren, muss weltweit Vorrang haben.

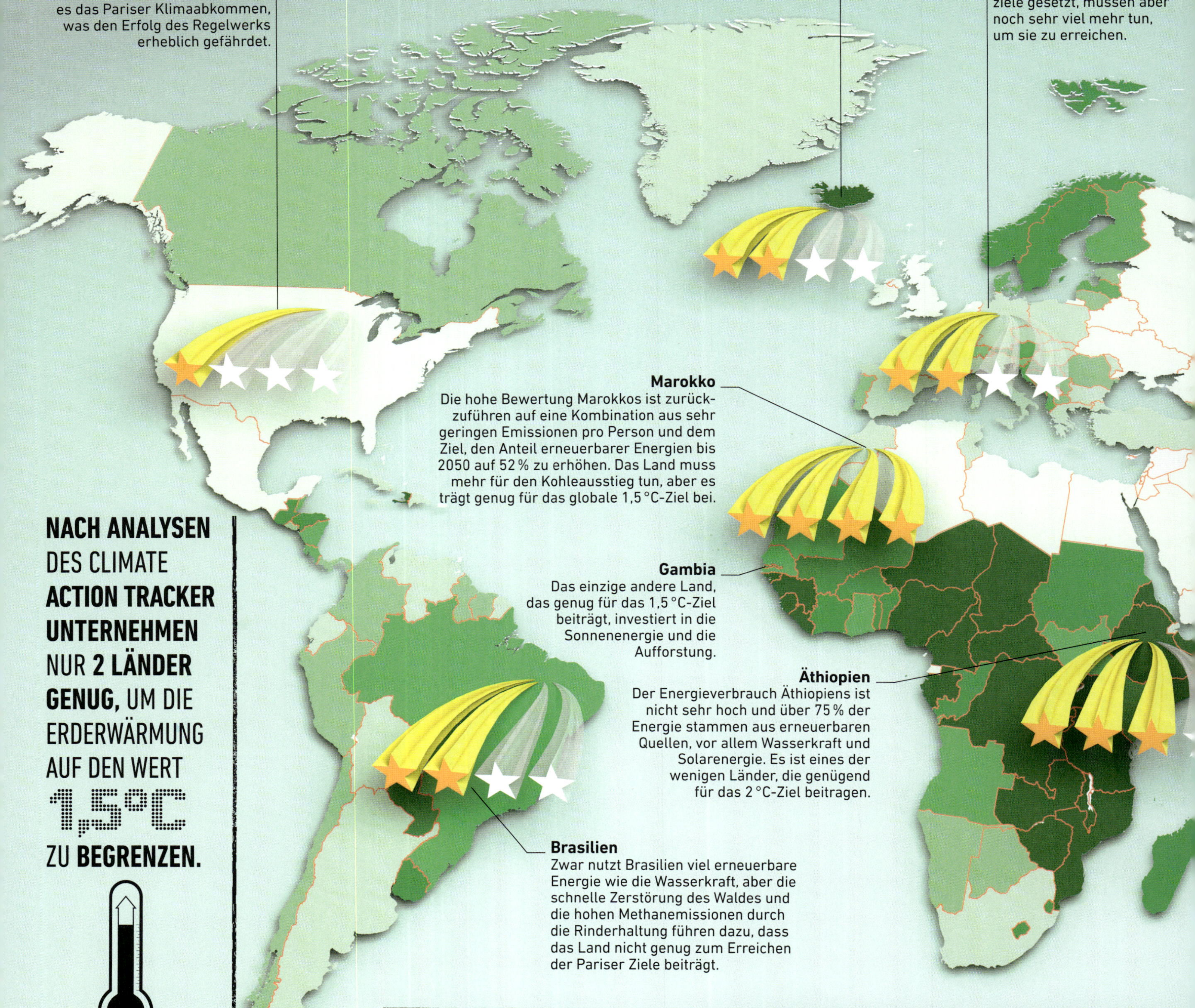

Vereinigte Staaten
In den USA ist der Anteil erneuerbarer Energien gering und das Land trägt sehr viel zu den globalen Treibhausgasemissionen bei. 2019 kündigte es das Pariser Klimaabkommen, was den Erfolg des Regelwerks erheblich gefährdet.

Island
Fast die gesamte Energie des Inselstaats stammt bereits aus Wasserkraft und Erdwärme. Island hat sich aber zu weiteren Reduktionen vor allem im Verkehrsbereich verpflichtet und nimmt an EU-Maßnahmen teil.

Europäische Union (EU)
Die Länder der EU haben sich gemeinsame Klimaziele gesetzt, müssen aber noch sehr viel mehr tun, um sie zu erreichen.

Marokko
Die hohe Bewertung Marokkos ist zurückzuführen auf eine Kombination aus sehr geringen Emissionen pro Person und dem Ziel, den Anteil erneuerbarer Energien bis 2050 auf 52 % zu erhöhen. Das Land muss mehr für den Kohleausstieg tun, aber es trägt genug für das globale 1,5 °C-Ziel bei.

Gambia
Das einzige andere Land, das genug für das 1,5 °C-Ziel beiträgt, investiert in die Sonnenenergie und die Aufforstung.

Äthiopien
Der Energieverbrauch Äthiopiens ist nicht sehr hoch und über 75 % der Energie stammen aus erneuerbaren Quellen, vor allem Wasserkraft und Solarenergie. Es ist eines der wenigen Länder, die genügend für das 2 °C-Ziel beitragen.

Brasilien
Zwar nutzt Brasilien viel erneuerbare Energie wie die Wasserkraft, aber die schnelle Zerstörung des Waldes und die hohen Methanemissionen durch die Rinderhaltung führen dazu, dass das Land nicht genug zum Erreichen der Pariser Ziele beiträgt.

NACH ANALYSEN DES CLIMATE **ACTION TRACKER UNTERNEHMEN** NUR **2 LÄNDER GENUG,** UM DIE ERDERWÄRMUNG AUF DEN WERT **1,5 °C** ZU **BEGRENZEN.**

DIE EU WILL BIS ZUM JAHR **2050 KLIMANEUTRAL** WERDEN.

Pariser Klimaabkommen
2015 trafen sich 197 Länder in Paris (Frankreich), um Maßnahmen zum Klimaschutz zu diskutieren. Man einigte sich darauf, dass ein Anstieg der mittleren globalen Temperatur um mehr als 2 °C über den Wert vor der industriellen Revolution verhindert werden muss – doch das Ziel sollte unter 1,5 °C sein. Um dies zu erreichen, haben sich alle Länder Ziele zur Verringerung der Treibhausgasemissionen gesetzt, die sie regelmäßig überprüfen müssen.

Internationale Ziele

Alle Länder sind dafür verantwortlich, ihre eigenen Ziele zur Reduktion der Emissionen zu setzen, aber um global Fortschritte zu machen, müssen alle zusammenarbeiten. Internationale Verhandlungen wie das Pariser Klimaabkommen etablieren eine gemeinsame Verantwortung und einen Rahmen, in dem reichere Länder die ärmeren finanziell unterstützen, damit diese ihre Ziele erreichen.

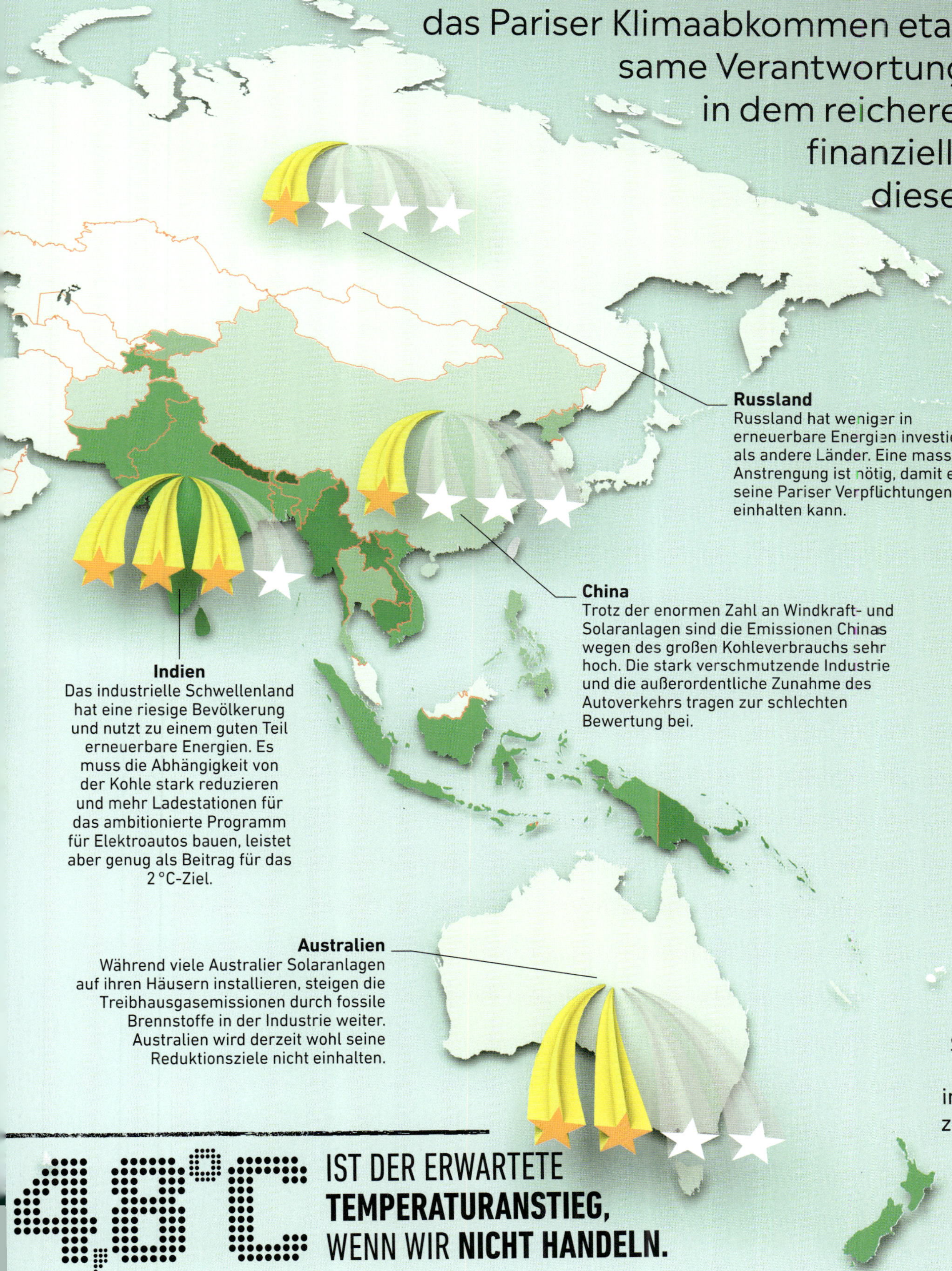

Russland
Russland hat weniger in erneuerbare Energien investiert als andere Länder. Eine massive Anstrengung ist nötig, damit es seine Pariser Verpflichtungen einhalten kann.

China
Trotz der enormen Zahl an Windkraft- und Solaranlagen sind die Emissionen Chinas wegen des großen Kohleverbrauchs sehr hoch. Die stark verschmutzende Industrie und die außerordentliche Zunahme des Autoverkehrs tragen zur schlechten Bewertung bei.

Indien
Das industrielle Schwellenland hat eine riesige Bevölkerung und nutzt zu einem guten Teil erneuerbare Energien. Es muss die Abhängigkeit von der Kohle stark reduzieren und mehr Ladestationen für das ambitionierte Programm für Elektroautos bauen, leistet aber genug als Beitrag für das 2 °C-Ziel.

Australien
Während viele Australier Solaranlagen auf ihren Häusern installieren, steigen die Treibhausgasemissionen durch fossile Brennstoffe in der Industrie weiter. Australien wird derzeit wohl seine Reduktionsziele nicht einhalten.

LEGENDE
Je dunkler ein Grünton ist, desto größer ist der Prozentsatz der Endenergie jedes Landes, der aus erneuerbaren Quellen stammt.
Die Sterne zeigen für ausgewählte Länder, ob sie genug Maßnahmen ergriffen haben, damit die Pariser Klimaziele erreicht werden.

- Unter 10 %
- 10–20 %
- 20–30 %
- 30–50 %
- 50–70 %
- Über 75 %
- Keine Daten

- ★★★★ Genug für 1,5 °C-Ziel
- ★★★☆ Genug für 2 °C-Ziel
- ★★☆☆ Ungenügend
- ★☆☆☆ Hochgradig ungenügend

4,8 °C IST DER ERWARTETE **TEMPERATURANSTIEG,** WENN WIR **NICHT HANDELN.**

Möglichst grün

Die Grüntöne der Karte zeigen den Anteil der Energie jedes Landes, der aus erneuerbaren Quellen wie Wind und Sonne statt aus fossilen Quellen stammt. Die Sterne zeigen, ob die Bemühungen eines Landes als Beitrag zu den international beschlossenen Klimazielen ausreichen. Diese Bewertung beruht auf vielen Faktoren, die unabhängige Wissenschaftler für ein Projekt namens Climate Action Tracker (CAT) analysieren und mit den Pariser Zielen vergleichen.

Sonnen-energie

Solarenergie, die man aus Sonnenstrahlen gewinnt, ist eine erneuerbare Quelle, die nie versiegt. Außerdem erzeugen Sonnenenergie-anlagen kein Kohlendioxid und tragen damit nicht zum Klimawandel bei. Es gibt heute Solar-anlagen weltweit, aber es sind viel mehr nötig, um von Öl und Gas unabhängiger zu werden.

35 % ALLER **SONNENENERGIE** WURDE 2019 IN **CHINA** ERZEUGT.

SONNEN-ENERGIE IST DIE REICHSTE **ENERGIE-QUELLE** DER **ERDE.**

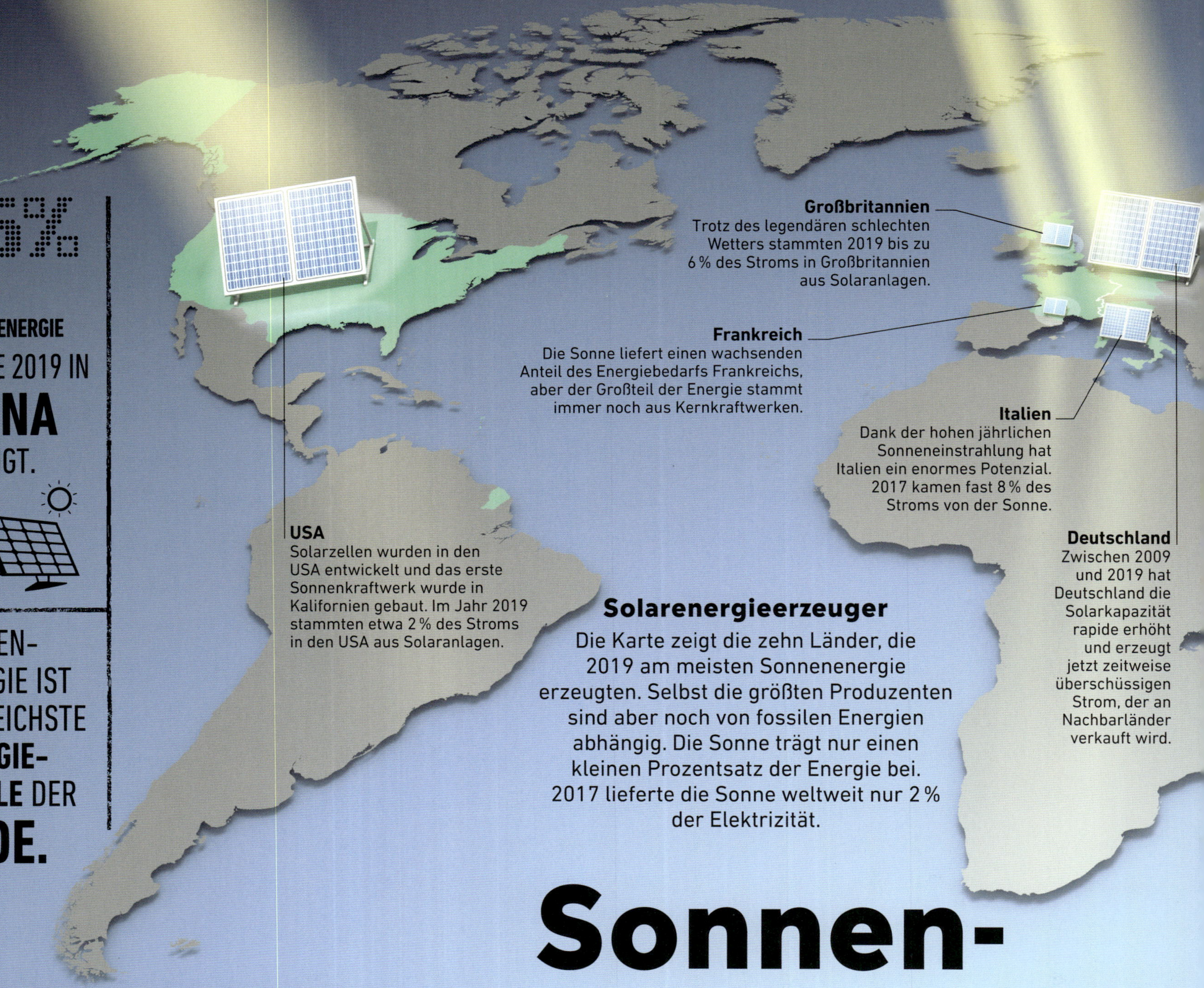

Solarenergieerzeuger
Die Karte zeigt die zehn Länder, die 2019 am meisten Sonnenenergie erzeugten. Selbst die größten Produzenten sind aber noch von fossilen Energien abhängig. Die Sonne trägt nur einen kleinen Prozentsatz der Energie bei. 2017 lieferte die Sonne weltweit nur 2 % der Elektrizität.

USA
Solarzellen wurden in den USA entwickelt und das erste Sonnenkraftwerk wurde in Kalifornien gebaut. Im Jahr 2019 stammten etwa 2 % des Stroms in den USA aus Solaranlagen.

Großbritannien
Trotz des legendären schlechten Wetters stammten 2019 bis zu 6 % des Stroms in Großbritannien aus Solaranlagen.

Frankreich
Die Sonne liefert einen wachsenden Anteil des Energiebedarfs Frankreichs, aber der Großteil der Energie stammt immer noch aus Kernkraftwerken.

Italien
Dank der hohen jährlichen Sonneneinstrahlung hat Italien ein enormes Potenzial. 2017 kamen fast 8 % des Stroms von der Sonne.

Deutschland
Zwischen 2009 und 2019 hat Deutschland die Solarkapazität rapide erhöht und erzeugt jetzt zeitweise überschüssigen Strom, der an Nachbarländer verkauft wird.

Patriotische Sonnenfalle
China führt derzeit weltweit in der Anwendung der Solarenergie und investiert weiter in den Bau neuer Sonnenenergiekraftwerke. Derzeit werden 60 % der Solarzellen weltweit in China produziert. Diese Solaranlage wurde in Form eines Pandas gestaltet.

China
Seit 2013 hat China mehr Solaranlagen installiert als jedes andere Land. Dennoch lieferte die Sonnenenergie im Jahr 2019 erst 2 % des Energiebedarfs des Landes.

SOLAR-ANLAGEN MACHEN **KEINEN** LÄRM.

Indien
Der Pavagada-Solarpark im Staat Karnataka (Indien) ist die größte Solaranlage der Welt. Er bedeckt eine Fläche von 53 km² und erzeugt bis zu 2 Gigawatt, genug Strom für 700 000 Haushalte.

Japan
Japan hat die zweitgrößte Solarkapazität weltweit. Die Solarenergie trug 2019 schätzungsweise 5 % zur Energie Japans bei.

Südkorea
Zwar entwickelt Südkorea die Sonnenenergie aktiv, um unabhängiger zu werden, aber der Großteil des Stroms stammt noch aus importierten fossilen Brennstoffen und umstrittenen Kernkraftwerken.

SONNEN-ENERGIE IST DIE BILLIGSTE **ENERGIEFORM IN INDIEN UND CHINA.**

SOLARZELLEN WURDEN SEIT 1977 UM **99 %** BILLIGER.

Gezeitenkraft

Die Energie der Gezeiten weltweit könnte, so schätzt man, 3000 Gigawatt beitragen – das entspricht 15 % der Leistung aller heutigen Kraftwerke. Doch die Nutzung der Gezeitenkraft ist weniger fortgeschritten als die anderer erneuerbarer Energien, weil Energie aus dem Ozean sehr schwer zu gewinnen ist. 2012 wurde erstmals Strom aus einer schwimmenden Turbine vor der Nordküste Schottlands in das Stromnetz eingespeist.

Australien
In der Vergangenheit wurde Australien dafür kritisiert, sein Potenzial nicht genug zu nutzen, doch zwischen 2009 und 2019 wurde es zu einem der zehn größten Produzenten. 2019 trugen über 20 % der Häuser Australiens Solarzellen.

SOLAR-KRAFTWERKE KÖNNEN ÜBER **40** **JAHRE LAUFEN.**

Das Sonnenkraftwerk Ivanpah im Süden Kaliforniens erzeugt Elektrizität für 140 000 Haushalte.

Sonnenkraftwerk

Die Solarenergie trägt weltweit bisher nur einen kleinen Teil zur Energieversorgung bei, aber das dürfte sich bald ändern, weil immer stärker in diese Technik investiert wird. Das 2013 eröffnete Sonnenwärmekraftwerk Ivanpah erstreckt sich über 14 Quadratkilometer in der Mojavewüste in Kalifornien (USA). Es ist das weltgrößte Sonnenwärmekraftwerk: ein Kraftwerk, das mit Spiegeln statt mit Solarzellen arbeitet. Die über 300 000 Spiegel sind um drei 140 m hohe Türme herum angeordnet. Sie werden von einem Computer gesteuert, sodass sie die Sonne verfolgen und die Strahlen stets auf einen enormen Kessel auf jedem der Türme richten. Die konzentrierte Sonnenenergie bringt das Wasser darin zum Kochen. Der Wasserdampf treibt über eine Dampfturbine einen Generator im Fuß des Turms an, der Strom erzeugt.

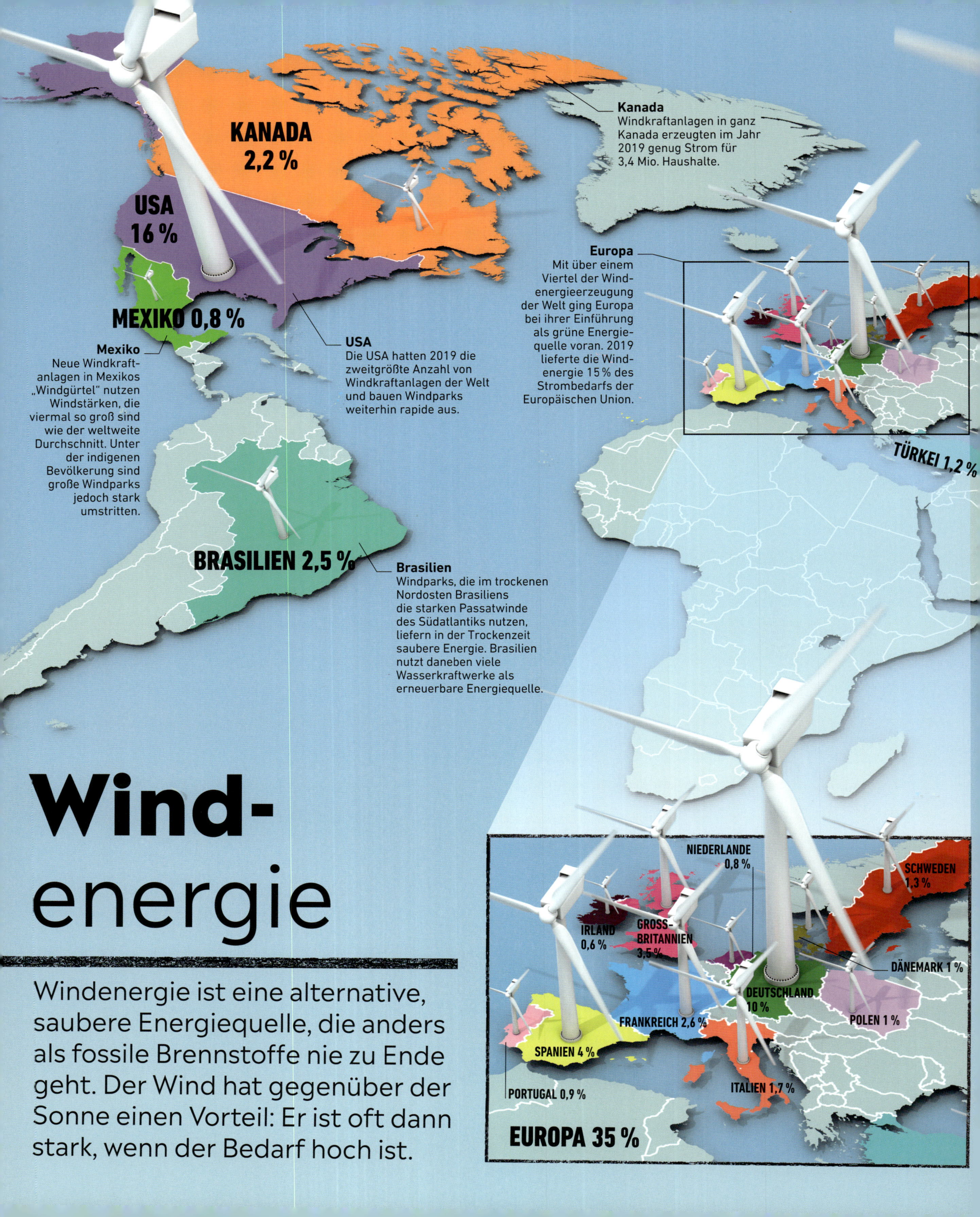

Wind-energie

Windenergie ist eine alternative, saubere Energiequelle, die anders als fossile Brennstoffe nie zu Ende geht. Der Wind hat gegenüber der Sonne einen Vorteil: Er ist oft dann stark, wenn der Bedarf hoch ist.

Offshore-Windparks

Weniger als 5 % der Windenergie wird offshore erzeugt, aber es gibt immer mehr Windparks auf dem Meer, vor allem dort, wo der Platz an Land für die hohen Türme knapp wird. Großbritannien betreibt ein Drittel der Offshore-Windparks weltweit – das Bild zeigt einen im Bau befindlichen in der Nordsee, der 1 Mio. Haushalte versorgen kann.

ZWISCHEN 2000 UND 2015 WUCHS DIE **KAPAZITÄT DER WINDENERGIE** WELTWEIT UM DAS **25-FACHE.**

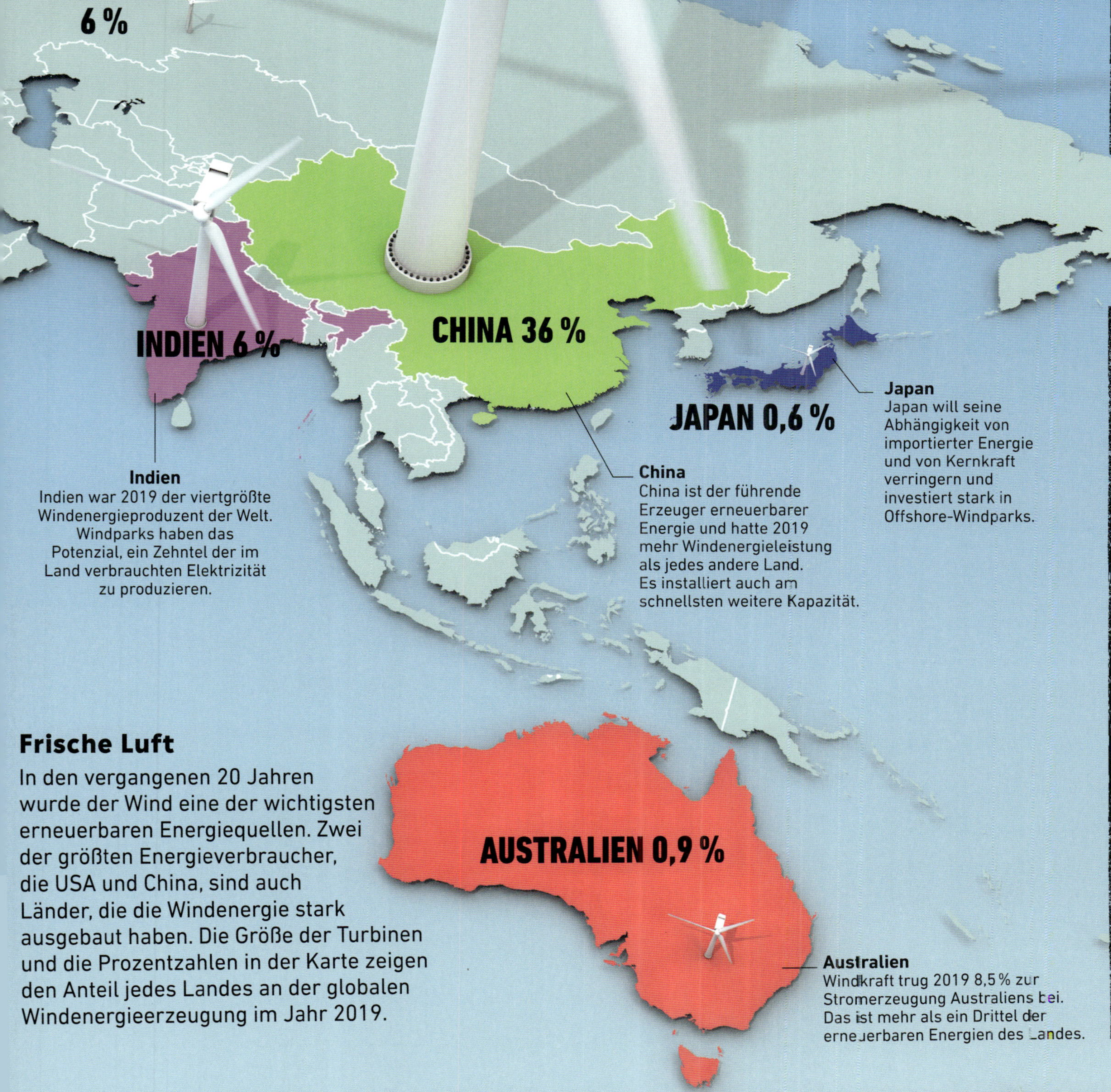

Indien
Indien war 2019 der viertgrößte Windenergieproduzent der Welt. Windparks haben das Potenzial, ein Zehntel der im Land verbrauchten Elektrizität zu produzieren.

China
China ist der führende Erzeuger erneuerbarer Energie und hatte 2019 mehr Windenergieleistung als jedes andere Land. Es installiert auch am schnellsten weitere Kapazität.

Japan
Japan will seine Abhängigkeit von importierter Energie und von Kernkraft verringern und investiert stark in Offshore-Windparks.

Australien
Windkraft trug 2019 8,5 % zur Stromerzeugung Australiens bei. Das ist mehr als ein Drittel der erneuerbaren Energien des Landes.

Frische Luft

In den vergangenen 20 Jahren wurde der Wind eine der wichtigsten erneuerbaren Energiequellen. Zwei der größten Energieverbraucher, die USA und China, sind auch Länder, die die Windenergie stark ausgebaut haben. Die Größe der Turbinen und die Prozentzahlen in der Karte zeigen den Anteil jedes Landes an der globalen Windenergieerzeugung im Jahr 2019.

MAN GLAUBT, DASS EIN **DRITTEL** DES **STROMS WELTWEIT** BIS ZUM JAHR **2050** DURCH **WINDENERGIE ERZEUGT** WERDEN KANN.

DIE KOSTEN DER WINDENERGIE SIND SEIT 2009 UM 40 % GESUNKEN.

350 MIO. BÄUME WURDEN IN ÄTHIOPIEN AN EINEM **EINZIGEN TAG** GESETZT, **4 MRD. NEUE BÄUME** SIND DAS **ZIEL.**

Wieder-**aufforstung**

Weltweit pflanzen Organisationen und Freiwillige neue Bäume. Wälder nehmen beim Wachsen Kohlendioxid (CO_2) auf: Sie wirken im Kohlenstoffkreislauf als Kohlenstoffsenken. Viele der hier vorgestellten Projekte helfen auch Gemeinschaften und Ökosystemen, sich an die Folgen des Klimawandels anzupassen.

1. Mehr Bäume als versprochen (USA)
Die Vereinigten Staaten gehören zu den größten Verursachern von CO_2. In der Bonner Herausforderung verpflichteten sie sich zum Pflanzen von 150 000 km^2 Wald bis 2020, haben ihr Ziel aber schon überschritten.

2. Wiederherstellung des Regenwalds (Brasilien)
Neben dem bedrohten Amazonas-Regenwald braucht auch der atlantische Regenwald Brasiliens dringend Hilfe. Es gibt ehrgeizige Projekte, aber der Fortschritt wurde durch politische Kehrtwenden ausgebremst.

3. Seegraswiesen unter Wasser (Großbritannien)
Seegras (eine Meerespflanze) ist eine wichtige Kohlenstoffsenke. Projekte, etwa vor der Küste von Wales, haben zum Ziel, Seegraswiesen, die durch den Menschen geschädigt wurden, neu zu bepflanzen und zu schützen.

4. Baumschule (Schweden)
Einige Länder mit bedeutender Forstwirtschaft stellen sicher, dass mehr Bäume gepflanzt als gefällt werden. In den letzten 100 Jahren hat Schweden gerodete Wälder ersetzt. Heute sind fast 70 % des Landes bewaldet.

DIE LÄNDER MIT DEM **GRÖSSTEN POTENZIAL** FÜR **WIEDERAUFFORSTUNGEN** SIND **RUSSLAND,** DIE **USA, KANADA, AUSTRALIEN, BRASILIEN** UND **CHINA.**

LEGENDE
Grün sind Gebiete dargestellt, in denen der Boden und das Klima für die Anpflanzung von Bäumen geeignet sind. Die Karte zeigt nicht bereits bestehende Waldgebiete.

- **Mögliche Wiederaufforstungsgebiete**
- **Länder, die an der Bonner Herausforderung zur Wiederherstellung der Wälder teilnehmen**

Raum für mehr
Der Großteil Sibiriens (Russland) ist bereits bewaldet, aber durch Krankheiten oder Feuer zerstörte Bäume können ersetzt werden.

Eine Milliarde Bäume
Als Teil der Bonner Herausforderung hat Pakistan bis 2017 eine Milliarde Bäume gepflanzt und will noch mehr pflanzen.

Große Hindernisse
Australien will Millionen Bäume pflanzen, kämpft aber sowohl mit illegalen Rodungen als auch mit zunehmend intensiveren Buschbränden.

5. Afrikas Grüne Mauer (Sahelzone, Afrika)
Über 20 Länder entlang des Südrands der Sahara vom Senegal bis Äthiopien pflanzen eine fast 8000 km lange Wand aus Bäumen, um Kohlenstoff aus der Luft zu entfernen und die Ausbreitung der Wüste zu stoppen.

6. Elefantenkorridor (Assam, Indien)
Manchmal werden Bäume als Teil von Ökosystem-korridoren gepflanzt: als sichere Passagen für Tiere zwischen Waldgebieten, ohne dass sie Straßen überqueren müssen oder Felder zertrampeln.

7. Mangrovenaufforstung (Thailand)
Mangrovenwälder sind nicht nur gute Kohlenstoffsenken, sondern schützen die Küsten auch vor Erosion und Überschwemmungen. Pflanzprojekte wie hier in Thailand finden in vielen Tropenregionen statt.

8. Programm „Grain for Green" (China)
Bauern werden in China dafür bezahlt, Bäume auf riesigen Flächen zu pflanzen, die einst gerodet worden waren. Das Programm war erfolgreich, aber oft pflanzte man nur eine Baumart, sodass die Artenvielfalt gering ist.

Aufforstungspotenzial

Diese Karte zeigt, wo es möglich sein sollte, mehr Bäume zu pflanzen. Das ist meist in Gegenden der Fall, wo es bereits Wald gibt oder in denen noch vor Kurzem Wälder wuchsen. Die Karte kennzeichnet mit Flaggensymbolen auch die 54 Länder, die der Bonn Challenge („Bonner Herausforderung"), beigetreten sind. Diese 2011 begonnene Initiative hat zum Ziel, 350 Mio. Hektar Wald (also eine Fläche von fast 500 Mio. Fußballfeldern) bis 2030 wieder herzustellen. Zwar ist die Verringerung der Emissionen am wichtigsten, um die Welt klimaneutral zu machen, aber das Pflanzen von Wäldern kann helfen, den Punkt schneller zu erreichen, weil sie Treibhausgase aus der Luft entfernen.

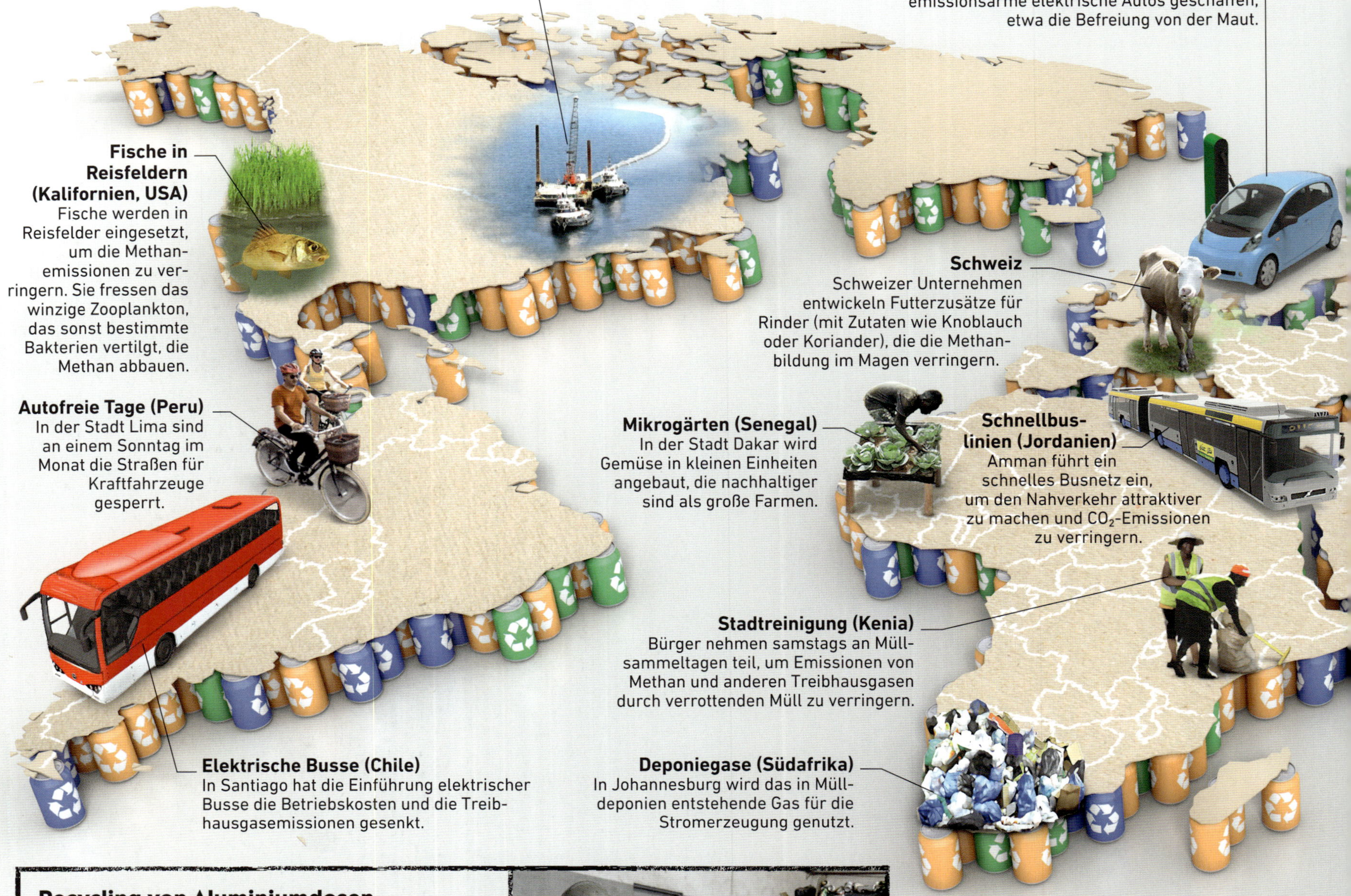

Recycling von Aluminiumdosen

Getränkedosen können vielfach recycelt werden. Das spart viele Treibhausgase ein, denn das Schmelzen von Altaluminium verbraucht nur etwa 5 % der Energie, die die Gewinnung von neuem Aluminium aus Erz benötigt. Allerdings muss die energieaufwändige und umweltschädliche Erstproduktion bei dieser Rechnung mit bedacht werden!

Grüne Zukunft

Die Karte zeigt einige der Nachhaltigkeitsinitiativen, die weltweit dazu beitragen, die Treibhausgasemissionen zu verringern.

Ein anderer **Lebensstil**

Weltweit wird nach neuen Wegen gesucht, den Einfluss des Menschen auf das Klima zu verringern. Dieses Konzept, das man Nachhaltigkeit nennt, befasst sich damit, wie wir unser Leben so umstellen können, dass wir weniger von Methoden, Verfahrensweisen und Technologien abhängig sind, die die Welt für zukünftige Generationen schädigen.

Circular Fashion

Die Modeindustrie denkt darüber nach, Abfall und Treibhausgasemissionen zu reduzieren: durch das Konzept der Circular Fashion, also einer „Kreislauf-Mode". Statt jede Saison zum Kauf neuer Kleidungsstücke anzuregen, müssten Kleider und Schuhe aus haltbarem Material bestehen, das auf nachhaltige Weise produziert wird. Ältere Stücke sollten repariert, recycelt, getauscht, verliehen oder als Secondhandware verkauft werden, statt nach kurzer Zeit sofort auf dem Müll zu landen.

96 STÄDTE ZÄHLEN ZUM **NETZWERK C40** UND SETZEN **GRÜNE PROJEKTE** UM.

Grüner Verkehr (China)
Eine chinesische Initiative zahlt Menschen einen kleinen Geldbetrag für jeden Tag, den sie ihr Auto nicht benutzen.

Fußball-WM (Katar)
Die Stadien der FIFA-Fußballweltmeisterschaft 2022 werden von energiesparenden LED-Leuchten beleuchtet. Ein Stadion wird aus Containern errichtet, die nach dem Ereignis wieder abgebaut werden können.

LED-Leuchten (Indien)
Energiesparende LED-Beleuchtung hat in Indien in den letzten Jahren enorm zugenommen. Die Verkäufe stiegen von 5 Mio. LED-Leuchten 2014 auf 670 Mio. 2018.

Fischnetz-Recycling (Philippinen)
Initiativen recyceln weggeworfene Fischnetze und produzieren daraus Teppiche.

Shinkansen (Japan)
Die neuesten Hochgeschwindigkeitszüge haben eine schnabelförmige Front, die stromlinienförmiger ist, sodass die Züge 15 % weniger Strom als frühere Modelle benötigen.

Ohne Einwegplastik (Australien)
Die Stadt Darwin verzichtet auf Einwegplastik wie Kaffeebecher oder Strohhalme bei Veranstaltungen und Märkten auf städtischem Grund. Besucher sollen ihre eigenen wiederverwendbaren Tassen mitbringen.

Grünere Stadt (Australien)
Melbourne plant, mehr Grünflächen zu schaffen und mehr klimaneutrale Wohnprojekte zu bauen.

Elektrische Züge (Neuseeland)
Auckland investiert stark in ein Netz elektrischer Eisenbahnen.

VON DEN **200–300 MILLIARDEN GETRÄNKEDOSEN JÄHRLICH** WERDEN **70%** RECYCELT.

2018 HAT DAS BUNDESUMWELTMINISTERIUM EINEN **5-PUNKTE-PLAN** FÜR **WENIGER PLASTIK** UND **MEHR RECYCLING** VERÖFFENTLICHT.

Essen für den Planeten

Die Haltung von Nutztieren zur Fleisch- oder Milchproduktion ist eine große Quelle für Treibhausgase (THGs). Eine vegane Ernährung ganz ohne tierische Produkte könnte die THGs aus der Ernährung um die Hälfte senken. Abfälle zu vermeiden, hilft ebenfalls.

Was sollte ich essen?

Diese vier Teller vergleichen die Menge an THGs, die durch die Herstellung der jeweiligen Mahlzeit entstehen. Die Größe der Speiseglocken zeigt die Menge der Emissionen. Jede Portion liefert 50 g Protein, also die empfohlene Tagesmenge.

Käse
Rinder produzieren eine Menge Methan, sodass Kuhmilch viel höhere Emissionen hat als pflanzliche Alternativen. Man braucht 10 l Milch, um 1 kg Käse herzustellen, sodass der THG-Fußabdruck von Käse recht hoch ist.

Eier
Die protein- und energiereichen Eier haben relativ geringe Treibhausgasemissionen gegenüber Fleisch. Sie belasten die Umwelt aber deutlich mehr als Hülsenfrüchte, Nüsse, Getreide und andere pflanzliche Lebensmittel.

Bohnen
Eine Ernährung, die auf Hülsenfrüchten wie Erbsen und Bohnen, Vollkorn, Nüssen, Samen, Gemüse und Obst basiert, kann den Einfluss des Menschen auf das Klima erheblich reduzieren. Emissionen von pflanzlichen Lebensmitteln sind viel niedriger als jene von tierischen.

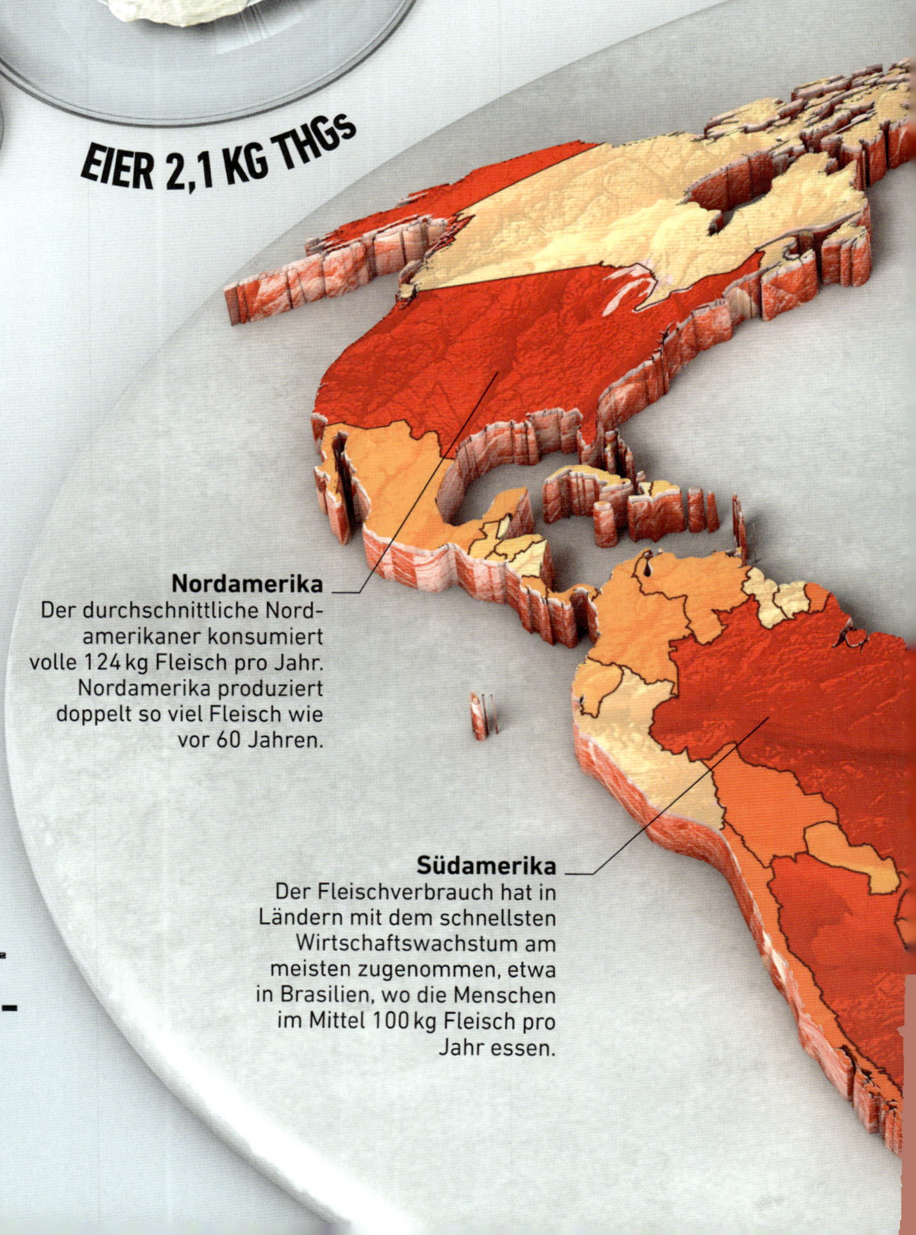

Nordamerika
Der durchschnittliche Nordamerikaner konsumiert volle 124 kg Fleisch pro Jahr. Nordamerika produziert doppelt so viel Fleisch wie vor 60 Jahren.

Südamerika
Der Fleischverbrauch hat in Ländern mit dem schnellsten Wirtschaftswachstum am meisten zugenommen, etwa in Brasilien, wo die Menschen im Mittel 100 kg Fleisch pro Jahr essen.

Fleischloses Fleisch

Heute gibt es immer mehr Alternativen zu Fleisch. Manche Lebensmittel sehen wie Fleischprodukte aus, etwa Hamburger, Chicken Nuggets oder Wurst, bestehen aber aus Soja oder Mykoprotein aus einem natürlich vorkommenden Pilz. Der Begriff „Fleisch" für diese stark verarbeiteten Fleischimitate ist umstritten, aber ihr Geschmack und ihre Textur sollen für Fleischesser attraktiv sein, um eine nachhaltige Ernährung zu fördern.

6 % DER GLOBALEN **TREIBHAUSGAS-EMISSIONEN** STAMMEN VON **LEBENSMITTELABFÄLLEN.**

Rindfleisch
Fleisch hat die größten Emissionen aller Lebensmittel – und Rindfleisch die allergrößten. Geflügel, Schwein und sogar Lamm erzeugen weniger Emissionen. Huhn statt Steak zu essen, verringert also den THG-Fußabdruck.

Lebensmittelabfälle reduzieren

Etwa ein Drittel der weltweit produzierten Lebensmittel wird weggeworfen – genug für eine Milliarde Menschen. Lebensmittel, die auf Feldern verrotten, auf dem Weg zum Verkauf schlecht werden oder in Läden, Restaurants und Haushalten weggeworfen werden, produzieren Treibhausgase sowohl bei ihrer Herstellung als auch bei ihrer Zersetzung auf Mülldeponien. Ein weniger verschwenderischer Umgang würde bei der Versorgung der Weltbevölkerung helfen, ohne die THG-Emissionen zu erhöhen.

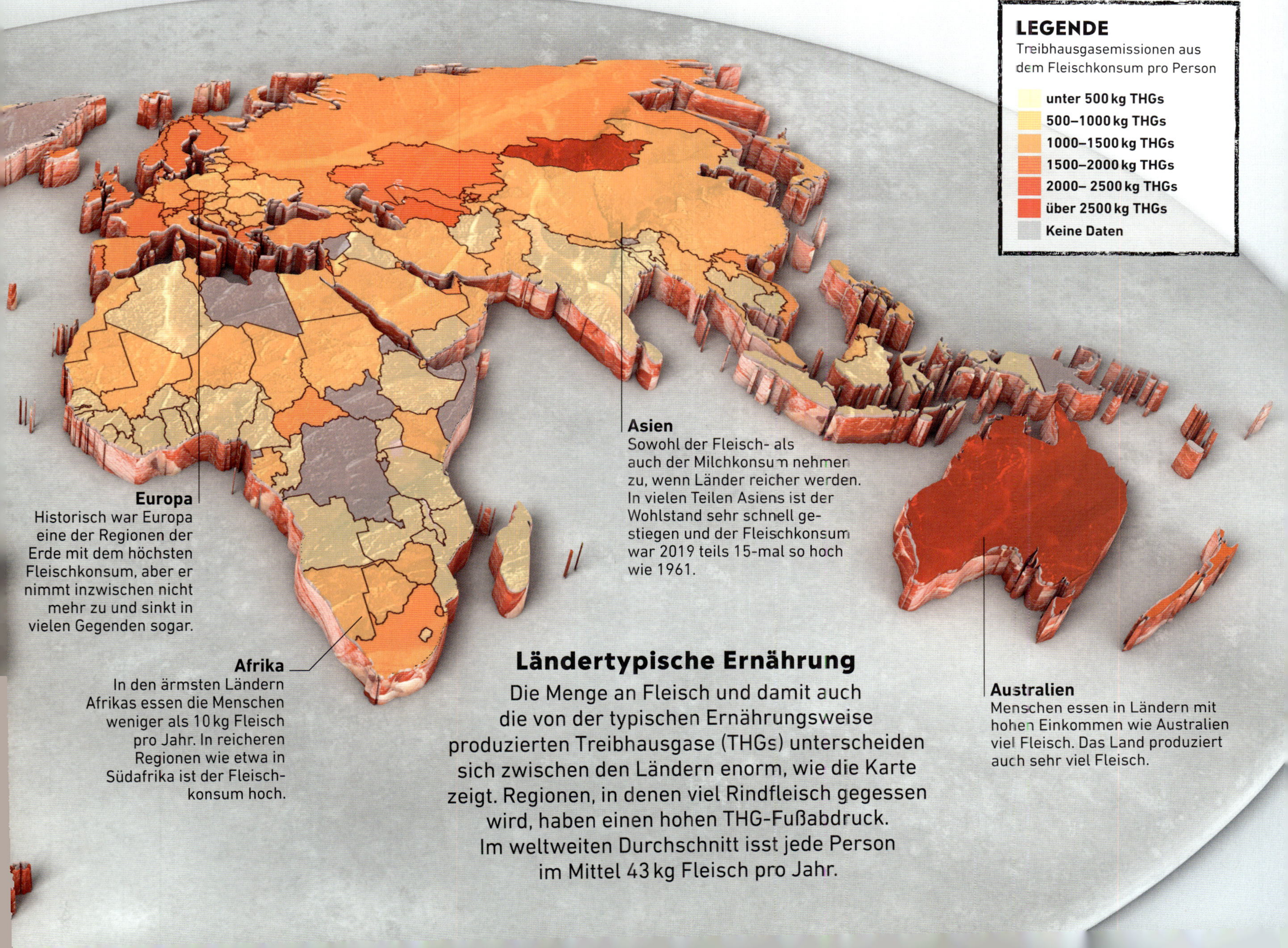

Europa
Historisch war Europa eine der Regionen der Erde mit dem höchsten Fleischkonsum, aber er nimmt inzwischen nicht mehr zu und sinkt in vielen Gegenden sogar.

Asien
Sowohl der Fleisch- als auch der Milchkonsum nehmen zu, wenn Länder reicher werden. In vielen Teilen Asiens ist der Wohlstand sehr schnell gestiegen und der Fleischkonsum war 2019 teils 15-mal so hoch wie 1961.

Afrika
In den ärmsten Ländern Afrikas essen die Menschen weniger als 10 kg Fleisch pro Jahr. In reicheren Regionen wie etwa in Südafrika ist der Fleischkonsum hoch.

Australien
Menschen essen in Ländern mit hohen Einkommen wie Australien viel Fleisch. Das Land produziert auch sehr viel Fleisch.

Ländertypische Ernährung

Die Menge an Fleisch und damit auch die von der typischen Ernährungsweise produzierten Treibhausgase (THGs) unterscheiden sich zwischen den Ländern enorm, wie die Karte zeigt. Regionen, in denen viel Rindfleisch gegessen wird, haben einen hohen THG-Fußabdruck. Im weltweiten Durchschnitt isst jede Person im Mittel 43 kg Fleisch pro Jahr.

Sturmschutzbauten in New Orleans (USA)
Das niedrig gelegene New Orleans passt sich an das steigende Meer und intensivere Stürme mit einem enormen System von Deichen und Sturmflutbarrieren an. Die mit 14,5 Mrd. Dollar von der US-Regierung geförderten Bauten reduzieren das Hurrikanrisiko, schützen aber nicht unbedingt vor dem weiteren Meeresspiegelanstieg.

Sturmflutbarrieren in den Niederlanden
Etwa zwei Drittel der Niederlande mit etwa 9 Mio. Einwohnern sind vom Meeresspiegelanstieg gefährdet. Das Oosterschelde-Sturmflutwehr ist eines von 13 Sperrwerken entlang der Küsten und Flussmündungen, mit denen die Niederlande der Verpflichtung folgt, das Leben jedes Einwohners und die Wirtschaft zu schützen.

Anpassung an den Klimawandel
Länder auf der ganzen Welt müssen sich auf den Klimawandel einstellen, aber ihre Möglichkeiten sind verschieden. Reiche Länder, die mehr THGs emittiert haben, können sich große Klimastrategien leisten, während ärmere Länder Lösungen mit begrenzten Mitteln suchen müssen.

Eine **fairere** Zukunft?

Wenn Länder wohlhabender werden, produzieren sie auch mehr Treibhausgase (THGs). Reichere Länder haben bessere Möglichkeiten, sich vor den Folgen des Klimawandels zu schützen. Um den Klimanotstand zu lindern, müssen reichere Länder die ärmeren unterstützen, da diese oft am stärksten von den Auswirkungen der Klimakrise betroffen sind, jedoch am wenigsten zu ihren Ursachen beigetragen haben.

Kalifornien (USA)
Selbst in den wohlhabendsten Nationen können einfache Anpassungen die besten sein. In Kalifornien schaffen grasende Ziegen Feuerschneisen als Schutz vor Waldbränden.

Costa Rica
In Costa Rica wechseln Bauern vom Kaffee zu Orangen, weil das Land unter Dürren leidet, die das Klima für Kaffeeplantagen weniger geeignet machen.

Indigene Bewirtschaftung von Palmsümpfen in Peru
Palmsümpfe in der peruanischen Provinz Datem del Marañón leiden unter Überschwemmungen und Dürren durch die Entwaldungen im Amazonasbecken. Indigene Gemeinschaften bewirtschaften die Feuchtgebiete so, dass die örtliche Bevölkerung nachhaltig ohne Rodungen leben kann. Das schützt eine natürliche Kohlenstoffsenke und die Artenvielfalt.

Süßwasser in Dakar (Senegal)
Das steigende Meer, Dürren und Sturzregen gefährden die Küsten Senegals. In den ärmsten Teilen der Hauptstadt Dakar ist das Überschwemmungsrisiko am größten und eindringendes Meerwasser bedroht die Wasserversorgung. Eine bessere Kanalisation, Deiche und Becken sowie salztolerante Pflanzen sind Maßnahmen zur Anpassung.

Dachgärten in Schanghai (China)
Die Megastädte Chinas sind sehr schnell und oft mit wenig Stadtplanung entstanden. Hitzewellen können unerträglich sein, weil Glas und Beton die Sonnenstrahlen bündeln. Um den städtischen Wärmeinseleffekt zu reduzieren, entstehen nun mehr Grünflächen und Dachgärten – wie diese „hängenden Gärten" in Schanghai.

Weingüter im Murray Valley (Australien)
Die Dürre hat die Weinernten Australiens in den vergangenen Jahren beeinträchtigt. Einige Weingüter ernten nun früher im Jahr, während andere aufgegeben wurden oder in weniger trockene Gegenden umgezogen sind. Gemeinden am Murray-Darling-Flusssystem verpflichten sich, das knapper werdende Wasser zu sparen und zu teilen.

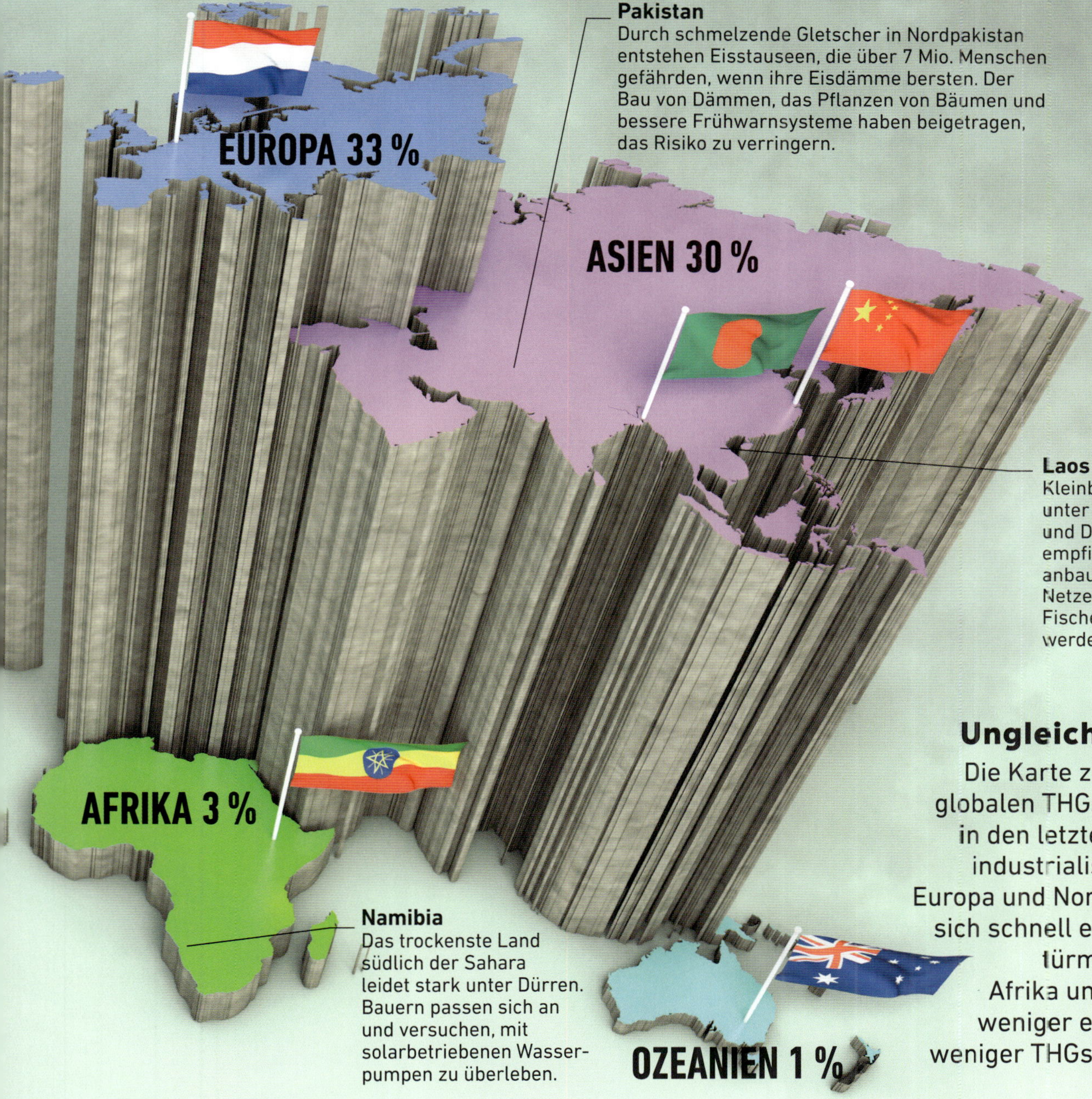

Pakistan
Durch schmelzende Gletscher in Nordpakistan entstehen Eisstauseen, die über 7 Mio. Menschen gefährden, wenn ihre Eisdämme bersten. Der Bau von Dämmen, das Pflanzen von Bäumen und bessere Frühwarnsysteme haben beigetragen, das Risiko zu verringern.

Laos
Kleinbauern leiden weniger unter Überschwemmungen und Dürren, wenn sie unempfindlichere Reissorten anbauen und Fischteiche mit Netzen schützen, damit die Fische nicht weggeschwemmt werden.

Namibia
Das trockenste Land südlich der Sahara leidet stark unter Dürren. Bauern passen sich an und versuchen, mit solarbetriebenen Wasserpumpen zu überleben.

Ungleiche Emissionen

Die Karte zeigt den Anteil der globalen THGs jedes Kontinents in den letzten 270 Jahren. Die industrialisierten Kontinente Europa und Nordamerika und das sich schnell entwickelnde Asien türmen sich hoch über Afrika und Südamerika, die weniger entwickelt sind und weniger THGs produziert haben.

DIE ÄRMSTE HÄLFTE DER MENSCHHEIT IST **FÜR NUR** 10 % **DER THG-EMISSIONEN VERANTWORTLICH.**

80 % DER MENSCHEN **WELTWEIT** SIND NOCH **NIE GEFLOGEN.**

Trockenresistente Gräser im Bergland von Äthiopien
Afrikanische Länder haben am wenigsten zum Klimawandel beigetragen, dürften aber am stärksten unter den Folgen leiden. Dürren sind ein Risiko im regenarmen Bergland von Äthiopien. Örtliche Kleinunternehmen bieten trockentolerante Grassamen an, damit Bauern Tierfutter anpflanzen und schlechter gewordene Landflächen erneuern können.

Zyklon-Schutzräume in Bangladesch
Etwa 18 Mio. Einwohner Bangladeschs leben in Gebieten, die von Wirbelstürmen und dem steigenden Meer gefährdet sind. Schutzräume und Frühwarnsysteme retten Menschen, aber der Küstenschutz – etwa durch Sandsäcke – ist noch sehr einfach. Menschen versuchen ihre Heimat so gut wie möglich zu schützen, aber manche müssen Arbeit in den Städten suchen.

Kopenhagen hat die CO_2-Emissionen seit 2005 um 40 % reduziert.

Rauchgasfreie Energie
Amager Bakke („Amager-Hügel"), auch CopenHill genannt, auf der Insel Amager in Kopenhagen (Dänemark) ist eine ungewöhnliche Müllverbrennungsanlage. Die Anlage verbrennt bis zu 400 000 Tonnen Hausmüll, um Strom für etwa 50 000 Haushalte sowie Fernwärme für etwa 160 000 Haushalte zu erzeugen. Das dabei entstehende Rauchgas wird von giftigen Partikeln und Gasen gereinigt, sodass die Wolken aus dem Schornstein nur aus harmlosem Wasserdampf bestehen. Es ist nicht nur eine der saubersten Müllverbrennungsanlagen der Welt, sondern auch ein Skizentrum mit einer 400 m langen künstlichen Skipiste auf dem Dach. Die Reduktion von Emissionen und die Erzeugung erneuerbarer Energien ist ein zentraler Aspekt der Vision Kopenhagens, das bis 2025 die erste klimaneutrale Hauptstadt der Welt werden will.

Weltweite Demonstrationen

Die Karte zeigt eine Auswahl der zahlreichen Klimaproteste auf der ganzen Welt. Tatsächlich gibt es noch viel mehr örtliche Aktivitäten.

Energy East Pipeline (Kanada)
Pläne für eine Pipeline für 1,1 Mio. Barrel (180 Mio. Liter) Öl pro Tag wurden 2017 aufgegeben – auch als Reaktion auf massenhafte Proteste.

Klimastreik (Schweden)
Im September 2019 protestierten während der globalen Woche in ganz Schweden Tausende Menschen für den Klimaschutz.

Dakota Access Pipeline (USA)
Demonstranten protestierten gegen den Bau einer 1880 km langen Pipeline für täglich 470 000 Barrel (75 Mio. Liter) Öl. Dennoch wurde die Pipeline 2017 fertiggestellt.

Amazonasbecken (Brasilien)
Im August 2019 fanden in ganz Brasilien Demonstrationen gegen Waldbrände im Amazonasbecken statt, die teils vorsätzlich gelegt worden waren, um Weideland zu gewinnen.

Flughafenerweiterung Heathrow (Großbritannien)
Jahrelang protestierten Umweltaktivisten gegen Pläne für eine dritte Landebahn in Heathrow.

Kohlekraftwerk Lamu (Kenia)
2019 stoppten Demonstranten den Bau des ersten Kohlekraftwerks in Kenia, das in der Region Lamu errichtet werden sollte.

Guaiba (Brasilien)
Im Februar 2020 verhinderten Demonstranten die Genehmigung des geplanten größten Kohle-Tagebaus in Südamerika.

Klimastreik (Argentinen)
Im September 2019 marschierten Menschenmengen durch die Hauptstadt Buenos Aires und forderten Maßnahmen gegen die globale Klimakrise.

Greta Thunberg
Die schwedische Umweltaktivistin Greta Thunberg hat Millionen Menschen dazu gebracht sich ebenfalls für die Umwelt einzusetzen. 2018 blieb sie im Alter von nur 15 Jahren der Schule fern, um stattdessen vor dem schwedischen Parlamentsgebäude gegen den Klimawandel zu demonstrieren. Seither kämpft sie weltweit dafür, dass Regierungen sofort handeln, um die Klimakrise in den Griff zu bekommen.

Coal kills (Südafrika)
Anlässlich der Südafrikanischen Kohlekonferenz in Kapstadt demonstrierten Aktivisten im Januar 2020 gegen fossile Brennstoffe.

IN ÜBER **150 STAATEN** FANDEN **SCHÜLERSTREIKS FÜR DAS KLIMA** STATT.

6 **MILLIONEN MENSCHEN** NAHMEN IM **SEPTEMBER 2019** AN WELTWEITEN **KLIMASTREIKS** TEIL.

Einsatz fürs Klima

In den vergangenen Jahren ist eine globale Massenbewegung entstanden, die zum Handeln gegen den Klimawandel auffordert. Millionen Menschen tauschen sich über soziale Medien aus und demonstrieren auf der Straße.

Eine-Person-Proteste (Russland)
2019 standen Aktivisten jeden Freitag einzeln mit Plakaten auf öffentlichen Plätzen in Moskau. Die nötige Genehmigung für politische Versammlungen ab zwei Personen erhielten sie nicht.

Waldbrände (Russland)
Im Jahr 2019 forderten Demonstranten in der sibirischen Stadt Krasnojarsk wirkungsvolle Maßnahmen gegen Waldbrände.

No Coal (Japan)
Die Kampagne No Coal Japan richtet sich gegen Pläne, die Kohlekraft im Land auszubauen. Die Gruppe organisierte anlässlich des G20-Gipfels in Osaka im Juni 2019 Demonstrationen.

Gegen Plastik (Indien)
In Indien fanden 2019 das ganze Jahr über Demonstrationen gegen Einwegplastik statt. Bei der Produktion entstehen Treibhausgase und Plastik ist nicht abbaubar.

Rote Rebellen (Australien)
Die Red Rebel Brigade, die lange rote Roben (als Symbol für Blut) trägt, organisierte im Dezember 2019 einen Protest am Opernhaus in Sydney. Viele Aktivisten kamen aus Gebieten, die von Buschbränden bedroht waren.

Fridays for Future
Im Rahmen der von Greta Thunberg angestoßenen Fridays-for-Future-Bewegung (FFF) gingen Schüler an Freitagen nicht zur Schule, um für den Klimaschutz zu demonstrieren (im Bild rechts in Kanada). Mit weltweiten Streiks versuchte die Bewegung wichtige Gipfeltreffen zu beeinflussen, etwa den Klimagipfel der Vereinten Nationen in New York (USA) im September 2019.

FRIDAYS FOR FUTURE FORDERT DIE EINHALTUNG DER **GLOBALEN TEMPERATURZIELE** DES **PARISER KLIMAABKOMMENS** VON **2015.**

Was **du** tun kannst

Wir alle können etwas tun, um den Anstieg der Treibhausgase (THGs) zu verringern: von kleinen Schritten – etwa das Licht auszuschalten, wenn man den Raum verlässt – über Veränderungen des Lebensstils bis hin zum Schaffen von Bewusstsein in der Öffentlichkeit. Der eigene Beitrag scheint zunächst gering zu sein, aber das gemeinsame Handeln von Millionen Menschen bewirkt viel.

Energie sparen

Es gibt viele Möglichkeiten, Energie zu Hause oder unterwegs zu sparen. Viele sparen außerdem noch Geld!

- Verwende energiesparende Lampen und Elektrogeräte, ziehe den Stecker von allen Geräten, die auch Strom verbrauchen, wenn man sie nicht benutzt, und schalte die Lichter aus, wenn du den Raum verlässt.
- Ziehe im Winter lieber einen dickeren Pullover an, statt die Heizung aufzudrehen, und verwende im Sommer bei großer Hitze lieber einen Ventilator als eine Klimaanlage.
- Überlege, wie viel Wasser du verwendest, und wie du es effizienter nutzen kannst.
- Gehe kürzere Wege zu Fuß oder fahre mit dem Fahrrad, wann immer du kannst.
- Nutze für längere Wege die öffentlichen Busse und Bahnen statt das Auto.

Grüner leben

Du kannst durch bewusste Entscheidungen „grüner leben“ und dazu beitragen, die Treibhausgase in der Atmosphäre zu verringern.

- Wenn möglich, pflanze Bäume in deinem Garten oder in einem Nachbarschaftsprojekt. Unterstütze Projekte, die in anderen Ländern Bäume pflanzen.
- Kaufe möglichst lokal erzeugte Produkte, denn der weite Transport von importierten Gütern hat einen größeren Treibhausgas-Fußabdruck.
- Kaufe Papierprodukte, die aus nachhaltig bewirtschafteten Wäldern stammen.
- Wenn möglich, pflanze dein eigenes Gemüse an.
- Versuche, möglichst viele saisonale Produkte zu essen, die es gerade in der Region frisch gibt – dadurch verringerst du Emissionen durch eine lange Lagerung und den Transport von Produkten rund um die Erde.
- Iss mehr Gemüse und pflanzliche Lebensmittel und reduziere deinen Fleischkonsum.
- Kompostiere Essensreste – dies verringert die Methanemissionen der Verrottung.

Vermeiden, wiederverwenden, recyceln

THGs werden bei der Beschaffung des Rohmaterials für ein Produkt frei, aber auch bei der Herstellung, dem Transport und bei der Müllentsorgung.

- Kaufe Dinge, die lange halten, sodass du weniger oft neue kaufen musst.
- Kaufe lieber Secondhandware statt neuer Kleidung.
- Trage immer einen Stoffbeutel, eine wiederverwendbare Tasse und eine nachfüllbare Wasserflasche bei dir.
- Wähle Produkte und Verpackungen, die möglichst recycelt werden können.
- Wenn etwas kaputt ist, wirf es nicht gleich weg, sondern versuche, es zu reparieren oder reparieren zu lassen.

Sich informieren

Es ist wichtig, die wissenschaftlichen Grundlagen des Klimawandels zu verstehen, sich über die Probleme, die Lösungsansätze und Initiativen zu informieren und die Folgen des eigenen Handelns für den Planeten zu erkennen.

- Berechne deinen ökologischen Fußabdruck. Es gibt Online-Rechner auf den Websites vieler Umweltorganisationen oder etwa beim deutschen Umweltbundesamt (uba.co2-rechner.de) oder der österreichischen Regierung (www.mein-fussabdruck.at).
- Für Emissionen, die für dich nicht vermeidbar sind, kannst du an einer Klimakompensation teilnehmen. Dabei bezahlst du Organisationen dafür, erneuerbare Energie zu fördern oder Bäume zu pflanzen.
- Bemühe dich, die Ursachen des Klimawandels zu verstehen. So kannst du die Probleme anderen erklären und selbst bessere Entscheidungen treffen.
- Verfolge Nachrichten und Dokumentationen, um dich zu informieren, wie der Klimawandel das Leben der Menschen weltweit verändert und was man tun kann, um die Folgen zu lindern.

Unterstützung finden

Der Klimanotstand kann auch zu Stress und Zukunftsängsten führen.

- Bleibe mit deinen Sorgen nicht allein – sprich über deine Gefühle und Ängste mit Freunden, mit der Familie oder mit anderen Personen, denen du vertraust.
- Denke daran, dass niemand die Klimakrise allein lösen kann. Andere Menschen und Organisationen können großen Rückhalt geben.
- Es hilft, wenn du etwas Sinnvolles findest, was du tun kannst. Es gibt viele erfolgreiche Initiativen, die dich zum eigenen Handeln inspirieren können. Selbst kleine Aktionen können viel bewirken.

Sich einmischen

Um den Klimawandel zu begrenzen, müssen Regierungen und große Unternehmen ernsthaft handeln. Du kannst auf viele Weise beitragen, dass die Forderung nach Veränderungen auch auf diesen höheren Ebenen gehört wird.

- Schreibe an Politiker von Gemeinden, im Land bzw. den Kantonen, im Bund und der EU und erkläre, warum die Klimapolitik für dich wichtig ist.
- Suche eine Klimaaktionsgruppe in deiner Gegend oder starte selbst eine. Die Website de.globalclimatestrike.net hilft dabei.
- Tritt einer Klimaaktionsgruppe an deiner Schule bei oder gründe selbst eine, wenn es noch keine gibt.

Glossar

Atmosphäre
Die Lufthülle um die Erde.

Biologisch abbaubar
Zersetzung durch natürliche Prozesse ohne Schadstoffbildung.

Biomasse
Stoffmenge der Körper von Lebewesen. Im Kohlenstoffkreislauf ist Biomasse eines der Kohlenstoffreservoirs. Aus Biomasse (Pflanzenresten) kann man Biokraftstoff herstellen.

Bodenerosion
Verlust der obersten Bodenschichten durch die Wirkung von Wind, Wasser oder Tieren. Extremwetter kann die Bodenerosion verstärken. Dadurch kann Ackerland unbrauchbar werden und Hänge können abrutschen.

Dünger
Eine natürliche oder chemisch hergestellte Substanz, die Pflanzen zusätzliche Nährstoffe liefert.

Emissionen
Der Ausstoß von winzigen Teilchen (wie Rauch), Flüssigkeitströpfchen oder Gasen in die Atmosphäre.

Emittent
Quelle von Emissionen, z. B. ein Industrieunternehmen. Es gibt auch natürliche Emittenten wie etwa Pflanzenfresser, die Methan ausstoßen.

Energie
Die Fähigkeit, Arbeit zu leisten. Energie kann nicht geschaffen oder vernichtet, aber zwischen verschiedenen Formen umgewandelt werden. Die chemische Energie fossiler Brennstoffe kann z. B. in elektrische Energie umgewandelt werden, die Lampen oder Geräte antreibt.

Entwaldung
Die Rodung von Wäldern zur Holzgewinnung oder für die Landwirtschaft.

Entwicklung
Die wirtschaftlichen und sozialen Vorgänge, durch die eine Gesellschaft wohlhabender wird, wobei das Einkommen der Bürger meist steigt.

Erderwärmung
Der Anstieg der durchschnittlichen weltweiten Temperatur als ein Aspekt des Klimawandels. Die Erwärmung seit der industriellen Revolution geht auf menschliche Aktivitäten zurück, die die Zusammensetzung der Luft verändern.

Erneuerbare Energie
Energiequellen, die immer wieder genutzt werden können, statt irgendwann aufgebraucht zu sein. Beispiele sind Sonnenenergie, Windenergie oder Wasserkraft.

Extremwetter
Wetterereignisse, die über das typische Maß hinausgehen und oft erhebliche Schäden verursachen, etwa Stürme oder Dürren.

Fossile Brennstoffe
Kohle, Öl und Gas, die aus der Zersetzung von Organismen entstanden sind, die vor Millionen Jahren lebten.

Geothermie
Erdwärme aus dem Erdinneren.

Gletscher
Eine langsam fließende Eismasse, die durch die Ansammlung von Schnee über lange Zeit entsteht.

Habitatverlust
Verlust von Lebensräumen und eine Ursache für das Artensterben.

Industrielle Revolution
Zeit der Mechanisierung der Industrie ab dem 18. Jh.

Kernenergie
Energie, die man durch die Spaltung von Atomen gewinnt. Kernkraftwerke sind eine Alternative zu fossilen Brennstoffen, aber ihr Abfall ist für sehr lange Zeit gefährlich.

Klima
Die mittleren oder typischen Wetterverhältnisse, meist über einen Zeitraum von 30 Jahren definiert.

Klimakompensation
Der Ausgleich von eigenen Treibhausgasemissionen durch ein System, bei dem man dafür bezahlt, dass an anderer Stelle Emissionen entsprechend reduziert werden.

Klimaneutral
Ein Vorgang, der nicht mehr Treibhausgase in die Atmosphäre abgibt als er aufnimmt, einschließlich Maßnahmen zur Klimakompensation.

Klimawandel
Eine Veränderung des Klimas über längere Zeit. Meist (auch in diesem Buch) ist mit dem Klimawandel die Klimaveränderung seit Mitte des 20. Jh. gemeint, die auf menschliche Aktivitäten zurückgeht und die von der UNFCCC definiert wurde.

Kohlendioxid (CO_2)
Ein Gas, das von Pflanzen aufgenommen und beim Atmen abgegeben wird. Es entsteht bei der Verbrennung fossiler Brennstoffe und ist das Treibhausgas, das am meisten zur Erderwärmung beiträgt.

Kohlendioxid-Äquivalente
Die Menge an Treibhausgasen, umgerechnet in die Menge Kohlendioxid (CO_2) mit der gleichen Treibhauswirkung. Jedes Molekül Methan z. B. erwärmt die Erde sehr viel mehr als ein Molekül CO_2, daher entspricht 1 kg Methan 28 kg CO_2-Äquivalenten.

Kohlenstoff
Chemisches Element und wichtiger Bestandteil von Kohlendioxid, von Biomasse (also allen Lebewesen) und von fossilen Brennstoffen.

Kohlenstoffkreislauf
Der Austausch von Kohlenstoff auf der Erde zwischen Reservoirs (Luft, Meere, Boden, Biomasse) durch Kohlenstoffströme.

Kohlenstoffsenke
Eine natürliche Umwelt, die mehr Kohlenstoff aufnimmt und speichert als sie abgibt, sodass sie den CO_2-Gehalt der Luft reduziert. Wichtige Senken sind Wälder und Meere.

Lachgas (N_2O)
Ein Treibhausgas, auch Distickstoffoxid genannt, das im Boden beim Einsatz von Dünger entsteht.

Landwirtschaft
Die Nutzung von Land für den Pflanzenanbau oder die Tierhaltung, meist als Quelle von Lebensmitteln.

Meereis
Eis, das durch das Gefrieren von Meerwasser entsteht und in Polargebieten auf dem Meer schwimmt.

Methan (CH_4)
Ein Treibhausgas, das bei der Fermentation im Magen von Wiederkäuern und bei der bakteriellen Zersetzung organischer Materie entsteht. Es ist Hauptbestandteil von Erdgas und entweicht in großen Mengen bei der Erdöl- und Erdgasförderung.

Mülldeponie
Das dauerhafte Vergraben von Müll. Verrottende organische Stoffe geben viel Methan ab.

Nachhaltigkeit
Das Prinzip, Ressourcen so zu nutzen, dass sie für zukünftige Generationen nicht verbraucht bzw. zerstört werden oder schwieriger zu finden sind.

Nutztiere
Tiere, die als Arbeitstiere oder als Quelle für Lebensmittel (Fleisch, Eier, Milch) oder andere Produkte (Wolle, Leder) gehalten werden.

Ökosystem
Eine Gesellschaft von Lebewesen in einer bestimmten Umwelt, die miteinander wechselwirken.

Organisch
Stoffe aus komplizierten Kohlenstoffmolekülen, vor allem die, aus denen Lebewesen bestehen (*siehe auch* Biomasse). In der Landwirtschaft heißen „organisch" Verfahren, die möglichst naturnah sein wollen.

Permafrost
Dauerhaft bis in große Tiefen gefrorener Boden in Polargebieten.

Recycling
Die Wiederverwertung des Materials von Abfall für neue Produkte.

Schadstoff
Eine Substanz, die Lebewesen oder der Umwelt schadet.

Solar- oder Sonnenenergie
Gewinnung von elektrischem Strom aus der Energie des Sonnenlichts.

Subsistenzlandwirtschaft
Bauern, die genug zur Ernährung der eigenen Familie produzieren, aber wenig oder nichts verkaufen.

Treibhausgas (THG)
Ein Gas, das das Abstrahlen von Wärme in den Weltraum verringert. Die wichtigsten THGs sind Kohlendioxid, Methan und Lachgas.

Treibhausgas-Fußabdruck
Auch CO_2-Bilanz genannt. Die Menge an Treibhausgasen, die ein Einzelner oder eine Aktivität beiträgt.

Umwelt
Die Umgebung, in der Pflanzen, Tiere oder Menschen leben.

Umweltverschmutzung
Die Freisetzung von Schadstoffen oder Abfällen in die Umwelt.

UNFCCC
Klimarahmenkonvention der Vereinten Nationen (United Nations Framework Convention on Climate Change) von 1992, internationales Abkommen der Klimapolitik.

Wasserkraft
Elektrische Energie, die man aus der Bewegung des Wassers gewinnt.

Wiederkäuer
Tierarten, vor allem Rinder und Schafe, bei denen die Nahrung im Magen durch Bakterien vorverdaut („fermentiert") und dann erneut gekaut wird. Bei der Fermentation entsteht das Treibhausgas Methan.

Windenergie
Elektrische Energie, die aus Wind gewonnen wird.

Register

Fette Seitenzahlen verweisen auf Hauptinformationen zum Thema.

Dank und Bildnachweis

Der DK Verlag dankt: Georgina Palffy, Jenny Sich, Anna Streiffert-Limerick und Selina Wood für Textbeiträge sowie Kelsie Besaw für Redaktionsassistenz.

Der Verlag dankt folgenden Personen und Organisationen für die freundliche Genehmigung zum Abdruck von Fotos:

(Abkürzungen: o = oben, u = unten, m = Mitte, l = links, r = rechts, g = ganz, HG = Hintergrund)

4 iStockphoto.com: oatawa (l, gor/HG, mru/HG). **5 iStockphoto.com:** oatawa (mlo/HG, gor/HG). **6-7 ESA:** © ESA / NASA. **8-9 iStockphoto.com:** oatawa (HG). **10-11 iStockphoto.com:** oatawa (HG). **20-21 iStockphoto.com:** oatawa (HG). **22-23 iStockphoto.com:** oatawa (HG). **28 Getty Images:** Hindustan Times (l). **29 Getty Images:** Hindustan Times (r). **30-31 TurboSquid:** Devil3d / Dorling Kindersley (Kühe). **33 123RF.com:** Richard Whitcombe (bl). **34-35 Greenpeace:** Ulet Ifansasti. **38-39 Getty Images:** Michael Markieta / Moment. **41 Getty Images:** Mariama Darame / AFP (ur). **42-43 iStockphoto.com:** oatawa (HG). **44-45 iStockphoto.com:** oatawa (HG). **47 Alamy Stock Photo:** Thomas Faull (mu). **49 ESA:** NASA / A. Gerst (mu). **51 Alamy Stock Photo:** Eyal Bartov (mr); PhotoStock-Israel / Eyal Bartov (mr). **52-53 DMI:** Steffen M. Olsen. **55 Alamy Stock Photo:** Joao Ponces (mlu). **Getty Images:** Alexis Rosenfeld (mu). **Science Photo Library:** NOAA (mru). **56 Ritzau Scanpix:** Jakob Dall / EPA (mru). **57 Getty Images:** Narinder Nanu / AFP (mu). **58 Alamy Stock Photo:** Outback Australia (gol). **Getty Images:** Brook Mitchell (gom). **Paul Sudmals:** (mr). **62-63 Getty Images:** David Gray / Stringer. **64 Getty Images:** Gabriel Bouys / AFP (um); Jonas Gratzer / LightRocket (ur). **65 Alamy Stock Photo:** FEMA (um); Brais Seara (ur). **Getty Images:** Orlando Sierra / AFP (ul). **Panos Pictures:** G.M.B. Akash (gur). **66-67 iStockphoto.com:** oatawa (HG). **68-69 iStockphoto.com:** oatawa (HG). **70 Alamy Stock Photo:** COP21 (ur). **72 Getty Images:** VCG (ul). **73 Alamy Stock Photo:** Steve Morgan (ul). **74-75 Alamy Stock Photo:** Aerial-Photos.com. **77 Alamy Stock Photo:** Rob Arnold (mro). **78 Alamy Stock Photo:** BrazilPhotos / J.R.Ripper (mlo); Andrew Pearson (mlu); Johner Images (ml). **Getty Images:** Cavan Images (gol). **79 Alamy Stock Photo:** Sandipan Dutta (mro); Manit Larpluechai (mru). **Dreamstime.com:** Shannon Fagan **(mr). SuperStock:** Universal Images (gor). **80 Getty Images:** Paulo Fridman / Bloomberg (mu). **81 Alamy Stock Photo:** Oreolife (gor). **82 Getty Images:** Bloomberg / Camilla Cerea (mu). T**urboSquid:** 3d_molier International (m); jasenluxchambers (mro). **83 Alamy Stock Photo:** Lena Kuhnt (mro). **TurboSquid:** 3d_molier International (mo). **84 Alamy Stock Photo:** Bernard Golden (ml). **Dreamstime.com:** Key909 (gol/Flagge, gom/Flagge). **Getty Images:** Ricky Carioti / The Washington Post (gol); Bas Czerwinski / AFP (gom); Xaume Olleros / Anadolu Agency (mu). **85 Alamy Stock Photo:** Joerg Boethling (mu); Ian Mckenzie (gom). **Dreamstime.com:** Key909 (gol/Flagge, gom/Flagge). **Getty Images:** Visual China Group (gol); Edwin Remsberg / VWPics / Universal Images Group (ul). **86-87 Alamy Stock Photo:** Gonzales Photo / Astrid Maria Rasmussen. **88 Alamy Stock Photo:** Per Grunditz (um). **89 Alamy Stock Photo:** Michael Wheatley Photography (mlu). **90-91 iStockphoto.com:** oatawa (HG).

WEITERE QUELLEN

16-17 Internationale Zivilluftfahrtorganisation (ICAO): ICAO hat eine globale Strategie für Kohlenstoffemissionen des Luftverkehrs koordiniert. **24-25 NASA:** SEDAC, IFPRI, WCMC, The World Bank und CIAT. **26 Global Carbon Atlas / The Global Carbon Project:** www.globalcarbonatlas.org / Our World in Data | https://ourworldindata.org/ (bl). **26-27 Climate Watch. 2018. Washington, DC: World Resources Institute:** CAIT Climate Data Explorer. 2019. Country Greenhouse Gas Emissions. Washington, DC: World Resources Institute. **30-31 Ernährungs- und Landwirtschaftsorganisation der Vereinten Nationen (FAO). 31 Ernährungs- und Landwirtschaftsorganisation der Vereinten Nationen (FAO). 32-33 Global Forest Watch:** GLAD Alerts Footprint. **36-37 IEA:** IEA (2019). CO2 Emissions from Fuel Combustion, Highlights. https://webstore.iea.org/co2-emissions-from-fuel-combustion-2019-highlights. Alle Rechte vorbehalten. Wie modifiziert von Dorling Kindersley. **38 Internationale Zivilluftfahrtorganisation (ICAO):** ICAO hat eine globale Strategie für Kohlenstoffemissionen des Luftverkehrs koordiniert. (mlu). **46-47 NASA:** Scientific Visualization Studio / Daten von Robert B. Schmunk (NASA / GSFC GISS). **50-51 National Snow and Ice Data Center / NSIDC:** Sea Ice Index. **54-55 © 2020 C40 Cities Climate Leadership Group, Inc. Alle Rechte vorbehalten:** (Karte). **OHC by IAP:** Cheng L. *, K. Trenberth, J. Fasullo, T. Boyer, J. Abraham, J. Zhu, 2017: Improved estimates of ocean heat content from 1960 to 2015, Science Advances. 3,e1601545c. **56-57 © KNMI. 58-59 Western Australian Land Information Authority (Landgate):** MyFireWatch. **60-61 The Royal Society:** Tim Newbold © 2018 The Authors. Published by the Royal Society under the terms of the CC BY 4.0. **70-71 © 2019 The World Bank Group:** World Development Indicators, The World Bank / Our World in Data | https://ourworldindata.org/. **Copyright 2020 Climate Action Tracker:** Copyright © 2020 Climate Analytics und NewClimate Institute. Alle Rechte vorbehalten. (Sterne). **72-73 © IRENA 2019:** Renewable capacity statistics 2019, International Renewable Energy Agency. **76-77 © GWEC - Global Wind Energy Council:** Global Wind Report 2019. **78-79 Atlas of Forest Landscape Restoration Opportunities:** GPFLR / WRI. **82-83 Joseph Poore | Dr. Thomas Nemecek:** Daten von Poore & Nemecek SCIENCE 360:987 (2018) (THG-Daten)

Cover: Vorn: Dorling Kindersley: National Snow and Ice Data Center. **Hinten:** Dorling Kindersley: NASA: Scientific Visualization Studio / Data provided by Robert B. Schmunk (NASA / GSFC GISS) u.

Alle anderen Abbildungen © Dorling Kindersley
Weitere Informationen unter www.dkimages.com

NORDPOLARMEER
Ellesmere-Insel
Königin-Elisabeth-Inseln
Grönland
Grönlandsee
Beaufortsee
Victoria-Insel
Baffinbai
Baffin-Insel
Tschuktschensee
Brookskette
Yukon
Mackenzie
Großer Bärensee
Davisstraße
Dänemarkstraße
Europäisches Nordmeer
Beringstraße
Denali (Mount McKinley) 6194 m
Großer Sklavensee
Island
Hudsonbai
Beringmeer
Rocky Mountains
Küstengebirge
Kanadischer Schild
Labradorsee
Nordsee
Britische Inseln
Aleutenbecken
Aleuten
Aleutengraben
Golf von Alaska
Laurentinische Berge
NORDAMERIKA
Vancouver-Insel
Große Seen
Missouri
Great Plains
Appalachen
Iberische Halbinsel
Azoren
Mendocino-Bruchzone
Mississippi
Nordamerikanisches Becken
Murray-Bruchzone
Madeira
Atlasgebirge
Westliche Sierra Madre
Östliche Sierra Madre
Westindische Inseln
Kanarische Inseln
Hawaii-Inseln
Golf von Mexiko
Ahaggar
Hawaii
Große Antillen
Mittelatlantischer Rücken
Sahara
Yucatán
Clarion-Bruchzone
Karibisches Meer
Kleine Antillen
Kapverden
Sahel
Mittelamerikanischer Graben
Niger
Line-Inseln
ATLANTISCHER OZEAN
Clipperton-Bruchzone
Orinoco
Bergland von Guayana
Kiritimati
PAZIFISCHER OZEAN
Galapagos-Inseln
Golf von Guinea
Amazonas
Amazonasbecken
Polynesien
Marquesas-Inseln
SÜDAMERIKA
Anden
Perugraben
Brasilianisches Becken
Angolabecken
Planalto de Mato Grosso
Brasilianisches Bergland
Tuamotu-Archipel
Perubecken
Nazcarücken
Pitcairn-Inseln
Atacamagraben
Sala-y-Gómez-Rücken
Gran Chaco
Paraná
Rio-Grande-Schwelle
Tubuai-Inseln
Osterinsel
Roggeveenbecken
Aconcagua 6959 m
Pampa
Südwestpazifisches Becken
Ostpazifischer Rücken
Patagonien
Argentinisches Becken
Eltanin-Bruchzone
Falkland-Inseln
Feuerland
Südgeorgien
Amerikanisch-Antarktisch
Kap Hoorn
Scotiasee
Legende
Berg
Fluss
Drakestraße
Südostpazifisches Becken
Antarktische Halbinsel
Weddellebene
Bellingshausensee
Weddellmeer